U0148534

# iLike职场
# Flash CS4动画设计完美实现

李红英　李恩峰　编著

电子工业出版社
**Publishing House of Electronics Industry**
北京·BEIJING

# 内 容 简 介

本书由一线资深培训专家与设计师结合多年设计经验倾力打造。全书运用最易于快速掌握的案例驱动教学法，通过对精选范例制作过程的详尽剖析和深入讲解，全面介绍了当前最流行的网络动画设计软件Flash CS4的使用技巧。全书共分为8章，全面细致地讲解了Flash绘画设计、按钮动画应用、网站导航应用、展示动画制作、游戏动画制作、贺卡设计制作、整站动画制作等诸多内容。本书语言浅显易懂，概念和功能的介绍清晰、通俗，使学习过程变得更加轻松、容易上手。

本书适合使用Flash进行动画设计和网页设计的中高级读者、网页设计专业人员、Flash动画爱好者以及数字艺术培训班相关专业学生阅读，也可用做各类动画设计、网页设计培训班和大中专院校相关专业的参考教材。

未经许可，不得以任何方式复制或抄袭本书之部分或全部内容。

版权所有，侵权必究。

**图书在版编目（CIP）数据**

iLike职场Flash CS4动画设计完美实现/李红英，李恩峰编著.—北京：电子工业出版社，2010.1
ISBN 978-7-121-09794-2

Ⅰ．i… Ⅱ．①李… ②李… Ⅲ．动画—设计—图形软件，Flash CS4 Ⅳ．TP391.41

中国版本图书馆CIP数据核字（2009）第199004号

责任编辑：李红玉
印　　刷：北京天竺颖华印刷厂
装　　订：三河市鑫金马印装有限公司
出版发行：电子工业出版社
　　　　　北京市海淀区万寿路173信箱　邮编：100036
　　　　　北京市海淀区翠微东里甲2号　邮编：100036
开　　本：787×1092 1/16　印张：19.75　字数：500千字
印　　次：2010年1月第1次印刷
定　　价：36.00元

凡所购买电子工业出版社图书有缺损问题，请向购买书店调换。若书店售缺，请与本社发行部联系，联系及邮购电话：（010）88254888。
质量投诉请发邮件至zlts@phei.com.cn，盗版侵权举报请发邮件至dbqq@phei.com.cn。
服务热线：（010）88258888。

# 前　　言

　　Flash是美国Macromedia公司于1999年6月推出的优秀网页动画设计软件，现在已经归到著名的Adobe公司旗下。Flash是一种交互式动画设计工具，用它可以将音乐、声效、动画以及富有新意的界面融合在一起，制作出高品质的网页动态效果，越来越多的人已经把Flash作为网页动画设计的首选工具，并且创作出了许多令人叹为观止的动画（电影）效果。

　　本书以一个Flash动画设计师的角度，从Flash动画设计和相关的行业应用入手，由浅入深地全面介绍了Flash的各种使用技巧和商业应用，以及成功实例的设计经验和相关行业的特点要求。本书主要定位在Flash的相关商业应用上，所涉及的领域非常全面，本书从易到难收录了Flash绘画设计、按钮动画应用、网站导航应用、展示动画制作、游戏动画制作、贺卡设计制作、整站动画等诸多内容。通过本书的学习，读者不但能快速掌握软件的相关操作技能、行业的相关特点和要求、实际工作中的经验和技巧，还能够全面掌握Flash动画应用的相关商业规则。

　　本书通过列举典型实例的形式，来详细讲解不同的商业实例的设计和制作方法，制作技法包括了目前各个行业制作过程中的绝大部分解决方案，具有很强的代表性。本书强调行业知识、设计理念、制作技巧与典型实例的完美结合，注重培养读者的实际操作能力，通过大量的技巧与实例，让读者在最短的时间内掌握必备的行业知识和制作技术，并能在最大程度上开拓读者的设计思维。

　　本书根据读者需要在商业应用方面提高的特点，从商业应用的角度出发，内容非常全面，实例类型覆盖了各种风格网站的应用领域；本书的结构安排非常合理，遵循了由易到难、深入浅出的讲解方式，非常符合读者的学习心理。在每个实例的结尾都添加了"知识点总结"、"拓展训练"和"职业快餐"三大模块，不仅可以让读者对所学的知识进行举一反三、灵活掌握，而且还让读者学到了必要的行业知识和相关设计理念，使读者的设计和制作水平得到全方位的提高。

　　由于本书创作时间仓促，不足之处在所难免，欢迎广大读者批评指正。

　　　　为方便读者阅读，若需要本书配套资料，请登录"华信教育资源网"（http://www.hxedu.com.cn），在"下载"频道的"图书资料"栏目下载。

# 目　　录

<VII>

<VIII>

# 第1章　Flash绘画

# 实例1

## 绘制矢量汽车

素材路径：源文件与素材\实例1\素材

源文件路径：源文件与素材\实例1\矢量

汽车.fla

实例效果图1

## 情景再现

今天一早，我刚到公司就被老板叫到了办公室，"XX，刚接到了一份汽车销售公司的订单，他们需要画一幅他们最新上市的一款轿车，参考照片已经发给我们了，他们的要求是绘制出的一定要是矢量图、要逼真，另外该图形还要便于他们以后做相关的Flash动画时直接使用。他们要的比较急，需要尽快完成，如果没什么问题，就赶紧着手进行绘制吧！"

根据客户的要求要绘制成矢量图，绘制矢量图的软件有很多，如CorelDRAW、FreeHand、Adobe Illustrator、Flash等，这时可以挑选一个用得最熟练的软件进行绘制。另外客户还有一个要求是以后还用绘制的图像制作Flash动画，为了避免给以后带来不必要的麻烦，这里我选用Flash进行绘制，这样绘制好的文件会非常方便以后制作动画时使用。

## 任务分析

- 绘制出汽车的基本轮廓。
- 精确调整轮廓线，绘制出汽车的细节。
- 为轮廓填充颜色，制作出汽车的质感。
- 绘制出汽车的前后车轮。
- 为汽车填充背景图像，调整作品的整体布局，完成制作。

## 流程设计

在绘制时，我们首先使用"钢笔"工具绘制出汽车的基本轮廓，然后将轮廓线进行平滑处理，为轮廓线分别填充颜色和渐变效果，制作出汽车的质感。最后为主图像添加背景图像，从而完成整幅作品的制作。

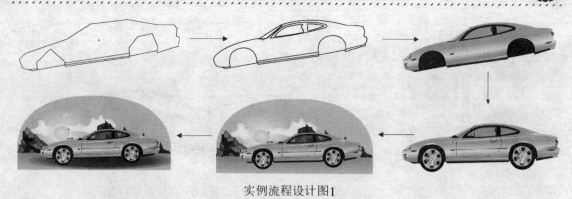

实例流程设计图1

## 任务实现

**step 01** 启动Flash程序，新建一个Flash文档并插入元件，选择"线条"工具⟍[1]，在工作区中绘制一个如图1-1所示的图形，然后使用"选择"工具⟍[2]配合【Shift】键选择线条交叉后的多余线条，按【Delete】键将它们删除，结果如图1-2所示。

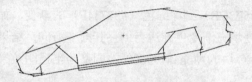 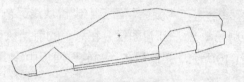

图1-1 绘制出的大体轮廓  图1-2 删除线条后的效果

**step 02** 将光标移动到轮廓线上，当光标的形状显示为⟍时，按下鼠标左键拖曳调整线条的圆滑度，调整后的结果如图1-3所示，然后使用同样的方法绘制出如图1-4所示的车窗玻璃轮廓。

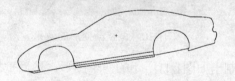 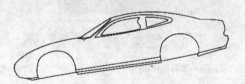

图1-3 调整后的线条形状  图1-4 绘制出的车窗玻璃轮廓

**step 03** 在"混色器"面板[3]中设置填充为灰色（#999999）到银灰色（#E6E6E6）再到灰色（#999999）的渐变，如图1-5所示，然后为汽车图形填充渐变效果，并适当调整渐变的方向，结果如图1-6所示。

**step 04** 在车窗周边的区域和车轮区域处填充纯黑色，再在图形下端的长条区域处填充灰色（#999999）到银灰色（#E6E6E6）的渐变效果，适当调整渐变效果，结果如图1-7所示。然后使用同样的方法在车后端的区域处填充渐变效果，结果如图1-8所示。

---

[1] "线条"工具："线条"工具▱用于绘制直线。在工具箱中选取"线条"工具▱后，可先在"属性"面板中设置好笔触颜色、样式及高度，然后使用"线条"工具▱在舞台中单击并拖动即可进行绘制。

[2] "选择"工具：利用"选择"工具⟍可以非常方便地改变图形形状，拉长或缩短线条长度。

[3] "混色器"面板：利用该面板可以选择、创建、编辑笔触颜色和填充色及样式。

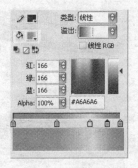

图1-5　渐变设置

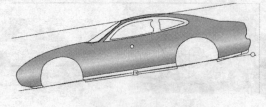

图1-6　调整渐变的方向

图1-7　调整渐变后的效果

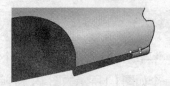

图1-8　填充渐变并调整方向

**step 05** 在"颜色"面板中设置从浅绿色（#B5E3CB）到深绿色（#37734F）的渐变，如图1-9所示，然后新建图层并在汽车的前挡风玻璃处填充渐变色并适当调整其渐变方向，结果如图1-10所示，完成后在"颜色"面板中设置各个色块的Alpha值为60%，调整为半透明效果。

图1-9　"颜色"面板中的渐变设置

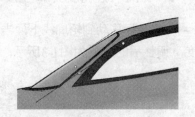

图1-10　调整渐变后的效果

**step 06** 使用"钢笔"工具[4]在汽车的车窗处绘制出如图1-11所示的两个图形，然后重复上一步的操作为图像填充渐变效果，制作出玻璃效果，如图1-12所示。

图1-11　绘制出的图形

图1-12　填充渐变后的效果

**step 07** 在车头处绘制一个如图1-13所示的图形，选择"图层1"，在图形与图形的交叉区域填充纯黑色，然后将绘制的图像进行适当缩小并调整位置，为其填充蓝灰色（#CCD9DF），完成后将轮廓线删除，结果如图1-14所示。

---

[4]"钢笔"工具：使用"钢笔"工具可以绘制出各种形状的图形，如多边形、平滑曲线等。它绘制的线条被称为贝赛尔曲线，就是具有节点与控制手柄的线条。

图1-13　绘制出的图形

图1-14　填充颜色后的效果

step 08 在刚绘制的图形之上继续绘制两个图形，然后分别为它们填充浅蓝色（#99B4BE）和浅灰色（#A2A9AD），并删除轮廓线，结果如图1-15所示。再在下方绘制一个圆形，在"混色器"面板中设置灰色（#71757B）到白色（#FCF9FD）再到灰色（#71757B）的线性渐变，如图1-16所示。

图1-15　绘制出的图形

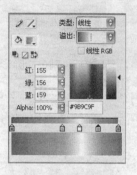

图1-16　渐变设置

step 09 为刚绘制的圆形填充渐变效果，并适当调整渐变的方向，结果如图1-17所示，然后在如图1-18所示的位置处绘制一个圆形。

图1-17　调整渐变后的效果

图1-18　调整圆形的位置

step 10 复制刚才绘制的圆形，并适当调整其位置，结果如图1-19所示，然后将底部圆形以外的多余轮廓线删除，结果如图1-20所示。

图1-19　调整圆形的位置

图1-20　删除多余的轮廓线

step 11 分别为分离出的区域填充纯黑色和渐变效果，完成后删除轮廓线，结果如图1-21所示，然后使用同样的方法继续在汽车图形之上绘制圆形并填充颜色，制作出汽车的车灯，结果如图1-22所示。

图1-21　填充颜色后的效果　　　　　　　　　图1-22　绘制出的车灯效果

**step 12** 在车的尾部绘制一个如图1-23所示的圆形，然后使用前面所讲的方法将图形之外的轮廓线删除，结果如图1-24所示。

图1-23　绘制出的圆形　　　　　　　　　图1-24　删除多余轮廓线后的效果

**step 13** 在"颜色"面板中设置从深灰色（#737373）到浅灰色（#E6E6E6）的放射状渐变，如图1-25所示，然后为刚绘制的图形填充渐变效果，完成后将轮廓线删除，结果如图1-26所示。

图1-25　渐变设置　　　　　　　　　图1-26　填充颜色后的效果

**step 14** 使用"钢笔"工具和"椭圆"工具⁵在汽车图形之上再绘制出车门把手和缝隙等细节，如图1-27所示。然后继续使用"钢笔"工具在车窗玻璃的左侧绘制出汽车的后视镜，结果如图1-28所示。

图1-27　绘制出的车门把手和缝隙等细节　　　　　　图1-28　绘制出的后视镜

**step 15** 至此，车身部分就绘制完成了，下面来绘制车轮。新建图层，在放置车轮的区域绘制一个如图1-29所示的纯黑色的圆形，然后进行复制，在"变形"面板中将复制生成的图形

---

⁵ "椭圆"工具：使用"椭圆"工具 ○，可以绘制出椭圆，只需在舞台中单击并拖动鼠标即可。此外，如在绘制椭圆时按住【Shift】键，则可以绘制出正圆。由于绘制出的图形都是封闭图形，因此能够对其进行填充。

缩小为原来的**60%**，并为其填充如图1-30所示的渐变效果。

图1-29　绘制出的圆形

图1-30　填充渐变后的效果

**step 16** 新建图层，绘制一个如图1-31所示的圆形，然后将其进行复制，并缩小为原来的**80%**，如图1-32所示。

图1-31　绘制出的圆形

图1-32　缩小后的圆形

**step 17** 选择刚绘制好的圆形，按【Delete】将其删除，结果如图1-33所示，然后在当前图层的下方新建一个图层，并绘制如图1-34所示的圆形。

图1-33　删除图形后的效果

图1-34　绘制出的圆形

**step 18** 使用前面所讲的方法，再绘制一个圆形并将其删除，制作出空心圆效果，完成后为图像填充渐变效果，如图1-35所示。然后再新建一个图层，绘制圆形并填充如图1-36所示的放射状渐变效果。

图1-35　圆环效果

图1-36　填充渐变后的效果

**step 19** 使用"钢笔"工具绘制一个如图1-37所示的图形，然后选择"任意变形"工具，将图形中心的变形支点移动到下面圆形的圆心处，如图1-38所示。

图1-37　绘制出的图形

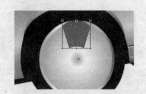

图1-38　调整变形支点的位置

step 20 将图形进行横向的变形，如图1-39所示，然后将其进行复制，并仿制到原来图形的位置处，在"变形"面板中的"旋转"编辑框中输入72，按【Enter】键将图形进行72°的旋转，结果如图1-40所示。

图1-39　调整图形的形状　　　　　　　　图1-40　将图形进行旋转

step 21 使用同样的方法，旋转复制生成其他的图形，结果如图1-41所示，然后将这些图形全部选择并删除，结果如图1-42所示。

图1-41　复制出的其他图形　　　　　　　图1-42　删除图形后的效果

step 22 使用同样的方法绘制出车轮上的纹理，并进行旋转复制，完成后选择车轮的所有图形，复制得到另一个车轮，将其调整到汽车的后端车轮区域处，这样就绘制好了汽车的所有部分，结果如图1-43所示。然后在最底部新建一个图层，选择"文件">"导入">"导入到舞台"菜单命令，在舞台中导入"源文件与素材\实例1\素材\风景.jpg"图像，适当调整其大小和位置，作为汽车的背景，结果如图1-44所示。

图1-43　绘制完成的车轮　　　　　　　　图1-44　调整图像的大小

step 23 最后新建图层，绘制圆形并填充放射状渐变效果，将其适当进行变形，制作出阴影效果，结果如图1-45所示。至此，整个实例就制作完成了。

图1-45　绘制出的阴影效果

## 设计说明

本例绘制的是一辆逼真的矢量汽车图像，绘制过程中主要运用"线条"工具对图形的轮廓进行绘制，使用渐变色来表现汽车的金属质感，在表现金属质感时一定要注意渐变的方向，这是体现质感和立体感的关键。

## 知识点总结

本例主要运用了"选择"工具和"混色器"面板。

1. "选择"工具

在Flash中，利用"选择"工具 可以非常方便地改变图形形状，拉长或缩短线条长度，修改方法如下。

选取"选择"工具 后，将光标移到图形边线上，当光标呈 形状时，单击并拖动即可调整图形的曲线形状；如果光标所在位置存在角点，光标将呈 形状，此时单击并拖动可拉出一个拐角，如图1-46所示。

图1-46　改变图形的形状

如在图形或线条的端点单击并拖动鼠标，可以拉长或缩短线条，改变图形形状，如图1-47所示。

此外，使用"选择"工具 单击选中线条或图形后，利用"选项"区中的"平滑"按钮 或"伸直"按钮 ，也可以方便地改变图形形状，如图1-48所

图1-47　拉长或缩短线条

示。其中，通过平滑图形可以软化曲线，减少线条上的凹、凸或其他整体方向上的差异。

单击该按钮，可在移动图形时捕捉对齐其他图形 —— 选项

单击该按钮，可以平滑选中的线条 —— 单击该按钮，可以伸直选中的线条

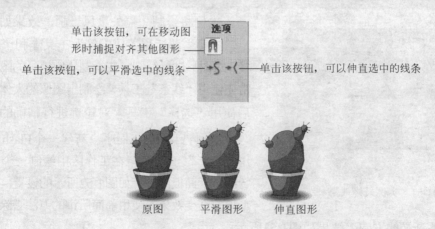

原图　　　平滑图形　　　伸直图形

图1-48　利用"选项"区中的"平滑"按钮 或"伸直"按钮 改变图形形状

**提示** 通过反复单击 ⚡或 ⚡按钮,可强化平滑或伸直效果。此外,选择"修改">"形状"菜单中的"平滑"和"伸直"选项,也可平滑或伸直线条。

2. "混色器"面板

选择"窗口">"设计面板">"混色器"命令,将打开如图1-49所示的"混色器"面板,利用该面板可以选择、创建、编辑笔触颜色和填充色及样式。

在"混色器"面板的"填充样式"下拉列表中,用户可以设置填充样式为无色、纯色、渐变色和位图。其中,"混色器"面板提供了两种渐变填充:线性渐变和放射状渐变,当选择这两种填充样式时,用户还可以根据需要自定义渐变色,如图1-50所示。

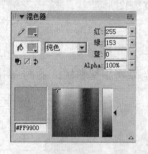
图1-49　"混色器"面板

图1-50　自定义渐变色

**提示** 编辑渐变色时,最多只能设置8个颜色指针。

如要删除某一颜色,可单击它的颜色指针并将其拖离渐变条即可。

如要保存设置的渐变色,可单击"混色器"面板右上角的选项按钮 ,然后从弹出的快捷菜单中选择"添加样本"选项,这时新创建的渐变色将被添加到当前"颜色样本"面板中。

## 拓展训练

图1-51　实例最终效果

本例将绘制一幅矢量风景画,效果如图1-51所示。本例主要运用了"钢笔"工具 和"线条"工具 对图形进行绘制,在绘制轮廓精确的图形时,通常先使用"线条"工具 绘制出图像的大体轮廓,然后使用"选择"工具 对轮廓进行精确的调整。

**step 01** 启动Flash程序,新建一个Flash文档,使用"矩形"工具 ,在工作区中绘制一个矩形,在"颜色"面板中进行如图1-52所示的设置,然后为矩形填充渐变效果,使用前面所讲的方法去除轮廓线,并适当调整渐变的方向,结果如图1-53所示。

**step 02** 新建图层,在其中使用"钢笔"工具 绘制出如图1-54所示的云朵图形,然后在"颜色"面板中设置浅蓝色到透明的线性渐变效果,如图1-55所示。

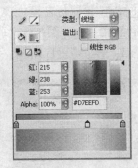

图1-52 "颜色"面板中的设置

图1-53 调整后的渐变效果

图1-54 绘制出的云朵图形

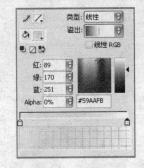

图1-55 "颜色"面板中的设置

**step 03** 分别为绘制好的图形填充渐变效果，并调整它们的渐变方向，结果如图1-56所示，然后使用"选择"工具 ▶ 选择图形的轮廓并按【Delete】键将它们删除，结果如图1-57所示。

图1-56 调整后的渐变效果

图1-57 删除轮廓线后的效果

**step 04** 选择"线条"工具 ＼，新建图层，在工作区中绘制一个如图1-58所示的图形，然后使用"选择"工具 ▶ 配合【Shift】键选择线条交叉后的多于线条，按【Delete】键将它们删除，结果如图1-59所示。

图1-58 绘制出的图形

图1-59 删除多余线条后的效果

step 05 将光标移动到轮廓线上，当光标的形状显示为 ↖ 时，按下鼠标左键拖曳调整线条的圆滑度，调整后的结果如图1-60所示，然后在"颜色"面板中设置填充色为深蓝色（#232C8E），完成后使用"颜料桶"工具 ◇ 在图形最上端的区域内填充颜色，结果如图1-61所示。

图1-60 图形调整后的效果      图1-61 填充颜色后的效果

step 06 继续在"颜色"面板中设置从暗青色（#0F79A5）到青色（#72E7F3）再到暗青色（#0F79A5）的渐变，如图1-62所示，完成后为图形的中间区域填充颜色并适当调整渐变的方向，然后为了便于观察，再为其他的空白区域填充深蓝色（#232C8E），结果如图1-63所示。

图1-62 "颜色"面板中的渐变设置      图1-63 填充颜色后的效果

step 07 在"颜色"面板中设置从深蓝色（#232C8E）到亮蓝色（#345AB1）再到深蓝色（#232C8E）的渐变，如图1-64所示，完成后为图形最下方的深蓝色区域填充渐变效果，适当调整渐变的方向，然后再将图形的白色轮廓线删除，结果如图1-65所示。

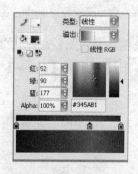

图1-64 "颜色"面板中的渐变设置      图1-65 填充颜色后的效果

step 08 新建图层，使用"矩形"工具绘制一个如图1-66所示的矩形，然后在"颜色"调板中设置从暗青色（#0F79A5）到青色（#72E7F3）再到暗青色（#0F79A5）的渐变，如图1-67所示。

图1-66 绘制出的矩形

图1-67 "颜色"面板中的渐变设置

**step 09** 为矩形填充渐变效果并适当调整渐变的方向，结果如图1-68所示，然后继续绘制一个如图1-69所示的矩形。

图1-68 调整渐变的方向

图1-69 绘制出的矩形

**step 10** 使用"线条"工具在矩形中绘制出网格，结果如图1-70所示，然后将绘制好的图形进行复制，并调整到如图1-71所示的位置。

图1-70 绘制出的网格

图1-71 图形复制后的效果

**step 11** 适当调整刚绘制好的图形并将其进行适当的旋转，结果如图1-72所示，然后将该图形进行复制并将其进行适当的旋转，结果如图1-73所示。

图1-72 旋转图形后的效果

图1-73 图形调整后的效果

**step 12** 在两个图形的交叉处绘制一个圆形，并为其填充放射状渐变效果，如图1-74所示。最后，使用"钢笔"工具在整幅图像的下部绘制出草地，结果如图1-75所示。

图1-74　绘制出的圆形

图1-75　绘制出的草地

## 职业快餐

矢量画也就是矢量图。此术语应该是出自于电脑绘画（设计）行业，与之对应的还有位（像素）图。

绘制出来的图是矢量图，还是像素图，取决于绘图者所使用的软件。通常使用矢量类绘图软件如：CorelDRAW、FreeHand、Illustrator、Flash等，绘制的图是矢量图。

### 1. 矢量图和位图在应用上的区别

位图图像的颜色和色调变化丰富，可以逼真地表现出自然界的景观。同时也很容易在不同软件之间交换文件。其缺点是：无法制作真正的三维图像，并且图像在缩放和旋转时会产生失真现象，同时文件较大，对内存和硬盘空间容量的需求也较高。位图图像广泛应用在照片和绘画图像中。位图图像是由像素组成的，图像放大后会失真。

矢量图是以数学描述的方式来记录图像内容的，它的内容以线条和色块为主，其文件所占的容量较小，也可以很容易地进行放大、缩小和旋转等操作，并且不会失真，可以制作三维图像。其缺点是：不易制作色调丰富或色彩变化太多的图像，失量图与分辨率无关，将它缩放到任意大小和以任意分辨率在输出设备上打印出来，都不会遗漏细节和影响清晰度。它是文字和粗放图形的最佳选择，如徽标、美工插图、工程绘图。

一般网站上的一些插画原本是设计师用Illustrator绘制的矢量图，而放到网站时将其转化为图片（像素图）的。因为目前还没有一个网站能够直接显示矢量图，矢量图一般要运用相应的软件才能打开。

### 2. 矢量图的构成原理和用途

矢量图就是用一系列计算指令来表示的图形，因此矢量图是用数学方法描述的图形，本质上是很多个数学表达式的编程语言表达。画矢量图的时候如果速度比较慢，可以看到绘图的过程。

可以把矢量图理解为一个"形状"，比如一个圆、一个抛物线等，因此缩放不会影响其质量。

矢量图一般用来表达比较小的图像，移动、缩放、旋转、复制、改变属性都很容易，一般用来做成一个图库，比如很多软件里都有矢量图库，把它拖出来随便设为多大都行。

矢量图可以转换成位图，不过反过来把位图转换为矢量图技术上比较难实现，很多图形设计软件都支持将像素图转换成矢量图形，一般可用矢量软件的描摹功能实现，这样就可以在矢量图形的基础上再做编辑，但这样的转换有时候会很耗时，有时候并不能达到预想的效果，一般用于比较简单的位图，或者想要表现一些特殊的效果。

　　矢量图由矢量轮廓线和矢量色块组成的，文件的大小由图像的复杂程度决定，与图形的大小无关，并且矢量图可以无限放大而不会模糊。

　　平时看到的很多图像（如数码照片）被称为像素图（也叫点阵图、光栅图、位图），它们是由许多像小方块一样的像素点组成的，位图中的像素由其位置值和颜色值表示。

## 实例2

## 绘制矢量人物

素材路径：源文件与素材\实例2\素材

源文件路径：源文件与素材\实例2\矢量人物.fla

实例效果图2

## 情景再现

　　下午五点，我正收拾东西准备下班，老总突然走进我的办公室，笑着对我说："XX，上次的那家汽车销售公司刚打电话过来说，给他们绘制的矢量汽车他们领导非常满意，他们现在的创意有所调整，主题变为香车美女了，现在还缺一个美女的矢量图需要绘制，这个图像要求时尚、要特写，一定要富有极强的视觉冲击力。这次他们点名还是让你来完成，哈哈！"听到客户的赞扬，我心里当然也是美滋滋的。

　　因为有上次的经验，这次没有多想，直接选用**Flash**软件对图像进行细致的绘制。

## 任务分析

· 绘制人物的基本轮廓。

· 调节轮廓的形状，使其整体变圆滑。

· 在各个轮廓中填充基本色。

· 在基本色的基础之上绘制细节，体现出立体感和质感。

## 流程设计

　　在制作时，我们首先利用"直线"工具绘制出插画人物的基本线框，再参照草图用"选择"工具调整线框的形状，并为不同的区域填充基本色，然后绘制出五官和头发的细节部分，最后根据创意在人物的胳膊处绘制一个纹身图案，保存文件，完成插画的绘制。

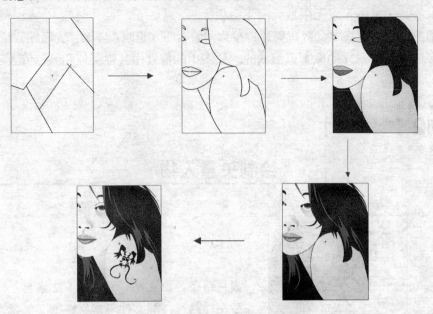

实例流程设计图2

## 任务实现

step 01 启动Flash程序，新建一个Flash文档，使用"矩形"工具 □ [6]，在工作区中绘制一个如图1-76所示的矩形，然后选择"线条"工具 ＼，新建图层，在工作区中绘制如图1-77所示的多条线条。

图1-76　绘制出的矩形

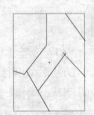

图1-77　绘制出的多条线条

step 02 选择"选择"工具 ， 使用前面所讲的方法，调整各个线条的圆滑度，以制作出人物的整体轮廓，结果如图1-78所示，然后继续使用"线条"工具 ＼绘制如图1-79所示的线条，用于制作人物的头发、眉毛、眼睛和嘴。

step 03 继续使用"选择"工具 调整刚绘制的线条的形状，结果如图1-80所示，然后设置人物各部分的颜色，并使用"颜料桶"工具 [7]为各个区域填色，上完色后的效果如图1-81所示。

---

[6] "矩形"工具：使用"矩形"工具 □，可以绘制出矩形，只需选择相应的工具后，在舞台中单击并拖动鼠标即可。此外，如在绘制矩形时按住【Shift】键，则可以绘制出正方形。由于绘制出的图形是封闭图形，因此能够对它们进行填充。

[7] "颜料桶"工具：使用"颜料桶"工具 可以用设置的纯色、渐变色或位图填充一个封闭区域。此外，Flash也允许对有缺口的区域进行填充，此时系统能自动辨认未合拢的轮廓线，并将其认为是封闭的图形加以填充。

图1-78　线条调整后的效果

图1-79　绘制出的线条

图1-80　调整线条的圆滑度

图1-81　填色后的效果

**step 04** 使用"钢笔"工具绘制如图1-82所示的图形，并填充浅黄色（#FFFEF7），然后将轮廓线删除，结果如图1-83所示。

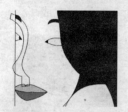

图1-82　绘制出的图形

图1-83　填色后的效果

**step 05** 继续绘制如图1-84所示的图形，然后分别为它们填充暗黄色（#D8D1AE）到亮黄色（#FEFCE3）的线性渐变，完成后删除轮廓线，结果如图1-85所示。

图1-84　绘制出的图形

图1-85　填色后的效果

**step 06** 使用"钢笔"工具在上嘴唇和下嘴唇处分别绘制高光图形，并分别填充亮粉色（#FCE0EC）和浅粉色（#F7B6CE），完成后去除轮廓线，结果如图1-86所示，然后选择"铅笔"工具 ∥8，在眼睛的上方绘制出睫毛图形，如图1-87所示，完成后为其填充纯黑色。

**step 07** 在眼睛区域处绘制一个圆形并为其填充墨绿色（#72B4C2）到黑色的放射状渐变效果，完成后删除轮廓线，结果如图1-88所示，然后在图像的中央绘制一个如图1-89所示的黑色圆形作为眼球。

---

8 "铅笔"工具：使用"铅笔"工具 ∥可以很随意地绘制不规则线条和图形。

图1-86 绘制出的高光图形

图1-87 绘制出的睫毛图形

图1-88 调整后的渐变效果

图1-89 绘制出的圆形

**step 08** 使用"钢笔"工具结合"线条"工具绘制出头发的纹理并填充紫色（#93527D），完成后将轮廓线删除，结果如图1-90所示，最后使用"钢笔"工具绘制出人物肩膀处的纹身图案并填充纯黑色，结果如图1-91所示。至此，整个实例就全部绘制完成了。

图1-90 绘制出的头发纹理

图1-91 绘制出的纹身

## 设计说明

本例是一个时尚的插画，用矢量画的形式来表现时尚女孩更能突显其特点，而且还能表现出很强的视觉冲击力。

人物是本插画的主题，黑衣、浓妆、纹身和长发，处处透露着时尚的元素。

## 知识点总结

本例主要运用了"矩形"工具、"颜料桶"工具和"铅笔"工具。

### 1."矩形"工具

图1-92 绘制圆角矩形

在绘制圆角矩形，可单击"矩形"工具"选项"区中的"圆角矩形半径"按钮，在打开的"矩形设置"对话框中设置矩形的圆角半径，然后进行绘制，如图1-92所示。

### 2."颜料桶"工具

根据绘制的图形缺口大小，可以在"颜料桶"工具的"选项"区中选择一种合适的封闭空隙的模式，然后进行填充，如图1-93所示。

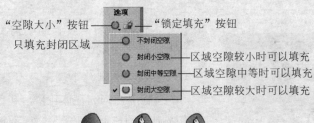

图1-93　选择"封闭大空隙"模式并填充

**提示**　填充区域的空隙大小是相对的，即使选择"封闭大空隙"模式，实际上空隙也不能很大。因此，如果因图形存在空隙导致无法填充，可首先在图形的端点之间绘制一个封闭的线条，然后再进行填充。

此外，如单击"锁定填充"按钮，系统会将填充内容看做一个整体，如图1-94所示。

图1-94　单击"锁定填充"按钮前后的对比

### 3. "铅笔"工具

在"铅笔"工具的"选项"区中的选择结果，决定了线条以何种模式模拟手绘的轨迹。单击"铅笔模式"按钮，可以选择如图1-95所示的3种模式。

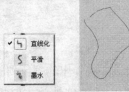

图1-95　"铅笔"工具的3种绘画模式

　使用"铅笔"工具绘制线条时，如按住【Shift】键，可沿水平、垂直方向绘制线条。

与使用"矩形"和"椭圆"工具画图不同，使用"铅笔"工具画图时，无论图形是否封闭，系统均不会自动为其填充内容。因此，要为图形填充内容，可使用"颜料桶"工具。

## 拓展训练

图1-96 实例最终效果

本例将绘制一只卡通小狗，效果如图1-96所示。本例主要运用了"钢笔"工具 ◊、"铅笔"工具 ✐、"选择"工具 ▸ 和"椭圆"工具 ◯，在绘制时首先使用"钢笔"工具 ◊ 绘制出狗狗的整体轮廓，再使用"钢笔"工具 ◊ 在绘制的轮廓之中绘制出暗部，然后使用"铅笔"工具 ✐ 在轮廓之中绘制出斑点，最后使用"椭圆"工具 ◯ 绘制出眼睛及其高光，并使用"选择"工具 ▸ 调整高光轮廓的形状。

**step 01** 启动Flash程序，新建一个Flash文档，使用"矩形"工具 ▭，在工作区中绘制一个矩形，在其中填充浅蓝色（#56DDFE）到天蓝色（#0066FF）的渐变，如图1-97所示。然后新建"图层 2"，使用"钢笔"工具 ◊ 在矩形之上绘制头部轮廓，结果如图1-98所示。

图1-97 填充渐变后的效果

图1-98 绘制出的头部轮廓线

**step 02** 设置轮廓线为黑色、填充色为纯白色，如图1-99所示。然后继续使用"钢笔"工具在绘制好的图形之上绘制如图1-100所示的形状。

图1-99 为轮廓填充颜色

图1-100 绘制出的图形

**step 03** 在工具箱中单击"填充颜色"图标 ▣，在弹出的颜色列表中选择灰色（#CCCCCC），选择"颜料桶"工具，将光标移动到图形的重叠区域处单击鼠标左键为图形填充颜色，完成后选择刚绘制的图形的轮廓线将其删除，结果如图1-101所示。然后继续绘制出如图1-102所示的形状。

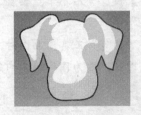

图1-101 填充颜色后的效果

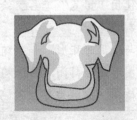

图1-102 绘制出的图形

**step 04** 使用上面所讲的方法，设置填充色为深灰色（#999999），为两图形重叠的区域填充颜色，完成后将轮廓线删除，结果如图1-103所示。然后选择"铅笔"工具，绘制出如图1-104所示的多个图形。

图1-103　填充颜色后的效果

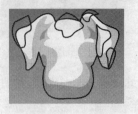

图1-104　绘制出的形状

**step 05** 在图形重叠的区域处填充纯黑色并删除轮廓线，结果如图1-105所示。然后使用"钢笔"工具，在图形上绘制出如图1-106所示的黑色路径。

图1-105　填充颜色后的效果

图1-106　绘制出的路径

**step 06** 使用"椭圆"工具绘制出如图1-107所示的椭圆形并填充纯黑色。然后在图形之外绘制圆形，为其填充从白色到黑色的放射状渐变效果并删除轮廓线，结果如图1-108所示。

图1-107　绘制出的椭圆形

图1-108　绘制出的圆形

**step 07** 使用"任意变形"工具调整圆形的形状和位置，制作出鼻子上的高光，结果如图1-109所示。然后新建"图层 3"，使用"椭圆"工具绘制出如图1-110所示的圆形。

图1-109　调整后的圆形的形状

图1-110　绘制出的圆形

**step 08** 在刚绘制的圆形之上绘制一个深蓝色（#26017E）的圆形，使用"选择"工具，将光标移动到圆形的上端轮廓处，按下鼠标左键向下拖曳，调整圆形的形状，结果如图1-111所示。然后使用同样方法绘制出眼睛上其他的色块，结果如图1-112所示。

图1-111 调整圆形的形状

图1-112 绘制出的其他色块

**step 09** 继续绘制一个圆形并填充纯白色，调整其到如图1-113所示的位置，作为眼睛的高光点，这样一只眼睛就绘制完成了。选择刚绘制好的眼睛并进行复制，然后选择"编辑" > "变形" > "水平翻转"命令将其翻转，适当调整其位置得到另一只眼睛，结果如图1-114所示。

图1-113 绘制出的高光点

图1-114 复制眼睛的效果

**step 10** 使用与绘制头部相同的方法，绘制出狗狗的身体部分，结果如图1-115所示。然后新建一层绘制一个圆形并填充渐变色，结果如图1-116所示。

图1-115 绘制出的身体部分

图1-116 绘制出的圆形

**step 11** 继续绘制椭圆形，并为其填充白色到透明的渐变效果，结果如图1-117所示。使用"铅笔"工具 ✐，在圆形的下方绘制一条如图1-118所示路径，制作出铃当的缝隙。

图1-117 绘制出的椭圆形

图1-118 绘制的路径

**step 12** 在图层的最下方新建一个图层，在其中绘制一个圆形并删除轮廓线，如图1-119所示。然后为其填充从黑色到透明的放射状渐变，适当调整圆形的形状，制作出狗狗的阴影，结果如图1-120所示。至此，本实例就全部制作完成了。

图1-119　绘制出的圆形

图1-120　圆形调整后的效果

## 职业快餐

　　现代时尚的商业矢量图以精致细腻的设计、明快大气的颜色，影响了整个设计界。一般成功的矢量图大都是运用图案表现的形象，本着审美与实用相统一的原则，尽量使线条、形态清晰明快，制作方便。

　　无论是传统画笔，还是电脑绘制，插画的绘制都是一个相对比较独立的创作过程，有很强烈的个人情感依归。有关插画的工作有很多种，像儿童的、服装的、书籍的、报纸报刊的、广告的、电脑游戏的，不同性质的工作需要不同性质的插画人员，所需风格及技能也有所差异。

　　就算是专业的杂志插画，每家出版社所喜好的风格也不一定。所以现在的插画也越来越商业化，要求也越来越高，走向了专业化的水平。

　　一直以来韩国矢量图就很受欢迎，在各大宣传册上都可以见到矢量图的踪迹。韩国的矢量图做得越来越精细，有的甚至看不出来是矢量的。

　　目前在国内，基本是韩国矢量图的天下，无论是大商场，还是小店铺，甚至很多小说、卡片、包装等，韩国矢量图都随处可见，如图1-121所示。韩国的矢量图、网页设计都在引导潮流。读者在以后的设计工作中，可以多参考这方面的成功作品。

图1-121　时尚的韩国矢量图

# Chapter 02

# 第2章　按钮动画制作

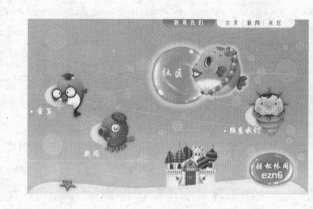

## 实例3

### 社区网站按钮动画

素材路径：源文件与素材\实例3
\素材

源文件路径：源文件与素材\实例3
\社区网站按钮动画.fla

实例效果图3

## 情景再现

今天市场部接到一份订单，是设计制作一个社区网站，并开会讨论了一下客户的要求和我们的设计思路。

这个社区网站主要以休闲娱乐为主，所以要求设计出的效果一定要轻松、活泼，让人看上去一定要舒服，这是最主要的。根据以往的经验，这类网站制作的关键取决于按钮动画。我们根据相关的要求，开动思路，立刻投入到了按钮动画的构思和制作当中。

## 任务分析

· 根据客户的要求构思创意。
· 根据创意收集或绘制素材。
· 根据创意调整动画。
· 为按钮添加背景，并调整作品的整体布局，完成制作。

## 流程设计

在制作时，我们首先根据创意处理好各个按钮的素材图像，并根据要求分别制作出每个按钮的动画，然后将所有的按钮组合到一块，并调整好它们的布局。最后为文件添加一个漂亮的背景图像，背景图像的颜色要与按钮相协调。

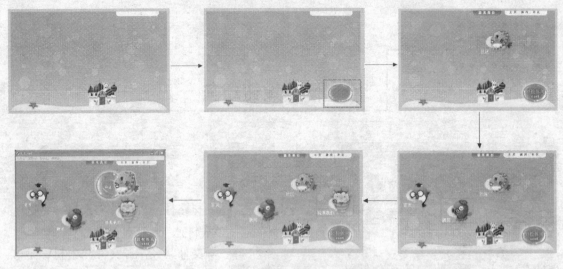

实例流程设计图3

## 任务实现

图2-1　文档属性

step 01 执行"文件">"新建"命令，新建一个Flash文档。单击"属性"面板上的"尺寸大小"按钮 550×400像素 ，在弹出的"文档属性"对话框设置"尺寸"为703px×427px，"帧频"设置为36fps，其他设置如图2-1所示。

step 02 执行"插入">"新建元件"命令[1]，弹出"创建新元件"对话框，设置元件"名称"为"鱼动画1"，元件"类型"为"影片剪辑"，如图2-2所示。执行"文件">"导入">"导入到舞台"命令，将图片"源文件与素材\实例3\素材\images7.png"导入到场景中，如图2-3所示。

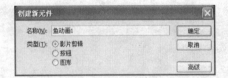

图2-2　新建元件

图2-3　导入图片

step 03 选中场景中的图片，执行"修改">"转换为元件"命令[2]，设置"名称"为"鱼1"，"类型"为"影片剪辑"，如图2-4所示。元件效果如图2-5所示。分别单击"时间轴"

---

[1]"新建元件"命令：选择该命令可以创建元件，在打开对话框后用户可以根据需要选择类型。Flash中的元件类型包括4种，即图形元件、按钮元件、影片剪辑元件和字体元件。

[2]"转换为元件"命令：用户可以直接将场景中已有的对象转换为元件。选择场景中已经有的对象，选择该命令，打开"转换为元件"对话框，其中的参数设置与"创建新元件"对话框基本相同，只是多了一项"注册"选项，其右侧为注册网格，在注册网格中的任意一个小方框上单击可以确定元件的注册点。单击"确定"按钮，即可将场景中选择的对象转换为元件，Flash会自动将该元件添加到库中，此时舞台上选定的元素就变成了该元件的一个实例。在场景中的该元件上双击鼠标左键可以切换到元件编辑模式。在该模式下，用户可以对元件进行随意修改。

面板上"图层1"第33帧、第69帧和第100帧位置，按【F6】键插入关键帧。

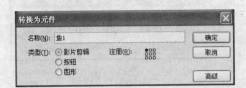

图2-4 转换为元件

图2-5 元件效果

**step 04** 单击"时间轴"面板上"图层1"第33帧位置，单击"选择"工具，调整场景中元件的位置，如图2-6所示。单击"图层1"第33帧位置，设置"属性"面板上"补间类型"为"动画"，时间轴效果如图2-7所示。

图2-6 元件效果

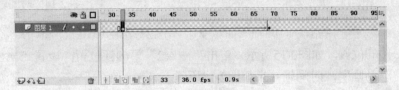

图2-7 时间轴效果

**step 05** 单击"时间轴"面板上"图层1"第69帧位置，单击"选择"工具，调整场景中元件的位置，如图2-8所示。单击"图层1"第69帧位置，设置"属性"面板上"补间类型"为"动画"，时间轴效果如图2-9所示。

图2-8 元件效果

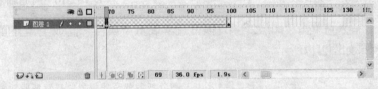

图2-9 时间轴效果

**step 06** 单击"图层1"第1帧位置，设置"属性"面板上"补间类型"为"动画"，时间轴效果如图2-10所示。

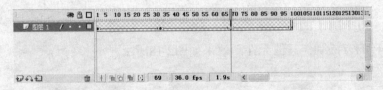

图2-10 时间轴效果

**step 07** 单击"时间轴"面板上的"插入图层"按钮，新建"图层2"。单击"文本"工具，设置"字体大小"为"20"，"文本（填充）颜色"为"#FFFFFF"，在场景中输入文字，如图2-11所示。选中场景中的图片，执行"修改">"转化为元件"命令，设置"名称"为"文字1"，"类型"为"影片剪辑"，如图2-12所示。

**step 08** 单击"时间轴"面板上"图层2"第33帧位置，单击"选择"工具，调整场景中元件的位置，如图2-13所示。单击"图层2"第33帧位置，设置"属性"面板上"补间类型"为"动画"，时间轴效果如图2-14所示。

图2-11　文字效果

图2-12　转换为元件

图2-13　元件效果

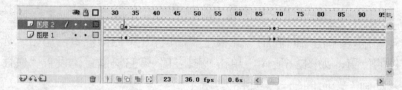

图2-14　时间轴效果

**step 09** 单击"时间轴"面板上"图层2"第69帧位置，单击"选择"工具，调整场景中元件的位置，如图2-15所示。单击"图层2"第69帧位置，设置"属性"面板上"补间类型"为"动画"，时间轴效果如图2-16所示。

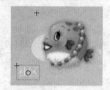

图2-15　元件效果

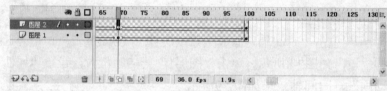

图2-16　时间轴效果

**step 10** 单击"图层2"第1帧位置，设置"属性"面板上"补间类型"为"动画"，时间轴效果如图2-17所示。

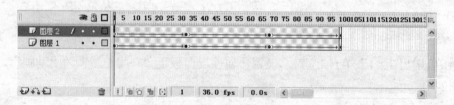

图2-17　时间轴效果

**step 11** 用同样的方法制作其他元件，效果如图2-18所示。

图2-18　元件效果

**step 12** 执行"插入"＞"新建元件"命令，弹出"创建新元件"对话框，设置元件"名称"为"标签"，元件"类型"为"影片剪辑"，如图2-19所示。单击"矩形"工具，设置"笔触颜色"为"无"、"填充色"为"#FFFFFF"、"Alpha"值为0%，在场景中绘制一个100px×100px的正方形，如图2-20所示。

图2-19 新建元件

图2-20 图形效果

**step 13** 执行"插入">"新建元件"命令,弹出"创建新元件"对话框,设置元件"名称"为"按钮1",元件"类型"为"影片剪辑",如图2-21所示。执行"文件">"导入">"导入到舞台"命令,将图片"源文件与素材\实例3\素材\images8.png"导入到场景中,如图2-22所示。

图2-21 新建元件

图2-22 导入图片

**step 14** 单击"时间轴"面板上的"插入图层"按钮,新建"图层2"。单击"文本"工具,在场景中输入文字,如图2-23所示。时间轴效果如图2-24所示。

图2-23 文字效果

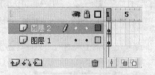

图2-24 时间轴效果

**step 15** 用同样的方法制作其他元件,效果如图2-25所示。

图2-25 元件效果

**step 16** 执行"插入">"新建元件"命令,弹出"创建新元件"对话框,设置元件"名称"为"鱼按钮1",元件"类型"为"影片剪辑",如图2-26所示。单击"时间轴"面板上"图层1"第1帧位置,将"标签"元件拖入场景,如图2-27所示。

图2-26 新建元件

图2-27 元件效果

**step 17** 单击"时间轴"面板上"图层1"第1帧位置，选中"标签"元件，设置"属性"面板上"实例名称"为"hitMc"，如图2-28所示。单击"图层1"第15帧位置，按F5键插入空白帧，时间轴效果如图2-29所示。

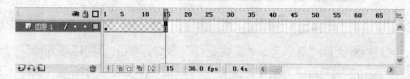

图2-28　设置"属性"面板　　　　　　　　　图2-29　时间轴效果

**step 18** 单击"时间轴"面板上的"插入图层"按钮，新建"图层2"。单击"图层2"第1帧位置，将"鱼动画1"元件拖入场景中，如图2-30所示。分别单击"图层2"第2帧、第4帧和第9帧位置，按【F6】键插入关键帧，时间轴效果如图2-31所示。

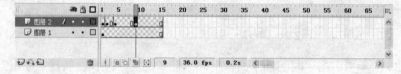

图2-30　元件效果　　　　　　　　　　　图2-31　时间轴效果

**step 19** 单击"图层2"第4帧位置，单击"任意变形"工具[3]，选中场景中的元件，调整元件的大小，如图2-32所示。单击"图层2"第9帧位置，单击"任意变形"工具，选中场景中的元件，调整元件的大小，如图2-33所示。

图2-32　元件效果　　　　　　　　　　图2-33　元件效果

**step 20** 分别单击"图层2"第2帧和第4帧位置，设置"属性"面板上"补间类型"为"动画"，时间轴效果如图2-34所示。

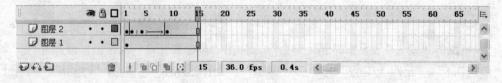

图2-34　时间轴效果

**step 21** 拖动鼠标选择第10帧至第15帧，单击鼠标右键，弹出快捷菜单，选择"删除帧"选项，时间轴效果如图2-35所示。

---

[3] "任意变形"工具：选择该工具后，通过拖曳鼠标可以对选择的图形进行缩放变形，在拖曳鼠标时按住【Shift】键可以等比例缩放图形。

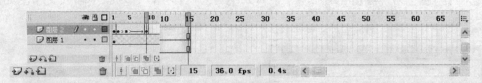

图2-35　时间轴效果

step 22 单击"时间轴"面板上的"插入图层"按钮，新建"图层3"。单击"图层3"第9帧位置，将"按钮1"元件拖入场景中，如图2-36所示。单击"图层3"第15帧位置，按【F6】键插入关键帧，单击"任意变形"工具，选中场景中的元件，调整元件的大小，如图2-37所示。

图2-36　元件效果

图2-37　元件效果

step 23 单击"时间轴"面板上的"插入图层"按钮，新建"图层4"。单击"图层4"第15帧位置，按【F6】键插入关键帧，分别单击"图层4"第1帧和第15帧位置，执行"窗口">"动作"命令，打开"动作-帧"面板，输入"stop();"语句，时间轴效果如图2-38所示。

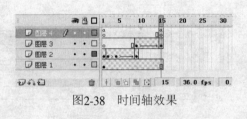

图2-38　时间轴效果

step 24 用同样的方法制作其他的元件，效果如图2-39所示。

图2-39　元件效果

step 25 执行"插入">"新建元件"命令，弹出"创建新元件"对话框，设置元件"名称"为"文字5"，元件"类型"为"影片剪辑"，如图2-40所示。单击"文本"工具⁴，设置"文本（填充）颜色"为"#FFFFFF"，"字体大小"为"20"，在场景中输入文字，如图2-41所示。

step 26 执行"插入">"新建元件"命令，弹出"创建新元件"对话框，设置元件"名称"为"文字6"，元件"类型"为"影片剪辑"，如图2-42所示。单击"文本"工具，设置"文

---

⁴"文本"工具：要创建文本，可先选中工具箱中的"文本"工具，然后利用属性面板设置要创建的文本类型与字体、颜色、字型等相关属性。在Flash中，可以创建静态文本、动态文本和输入文本3种类型的文本。

本（填充）颜色"为"#FEF89E"，"字体大小"为"15"，在场景中输入文字，如图2-43所示。

图2-40　新建元件

图2-41　输入文字

图2-42　新建元件

图2-43　输入文字

step 27 执行"插入"＞"新建元件"命令，弹出"创建新元件"对话框，设置元件"名称"为"遮罩1"，元件"类型"为"图形"，如图2-44所示。单击"矩形"工具，设置"笔触颜色"为"无"，在场景中绘制一个14px×25px的矩形，如图2-45所示。

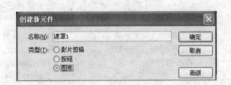

图2-44　新建元件

图2-45　图形效果

step 28 在"混色器"面板上设置"类型"为"线性"，颜色为"#FEF89E"，从"Alpha100%"到"Alpha0%"的渐变，如图2-46所示。对场景中的图形进行填充，效果如图2-47所示。

图2-46　设置"混色器"面板

图2-47　图形效果

step 29 单击"任意变形"工具，调整图形的形状，如图2-48所示。

step 30 执行"插入"＞"新建元件"命令，弹出"创建新元件"对话框，设置元件"名称"为"遮罩2"，元件"类型"为"图形"，如图2-49所示。

step 31 单击"矩形"工具，设置"笔触颜色"为"无"，在场景中绘制一个11px×19px的矩形，如图2-50所示。

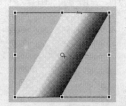

图2-48 图形效果

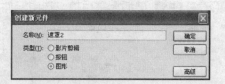

图2-49 新建元件

step 32 在"混色器"面板上设置"类型"为"线性",颜色为"#FFFFFF",从"Alpha100%"到"Alpha0%"的渐变,如图2-51所示。对场景中的图形进行填充,效果如图2-52所示。

step 33 单击"任意变形"工具,调整图形的形状,如图2-53所示。

图2-50 图形效果

图2-51 设置"混色器"面板

图2-52 图形效果

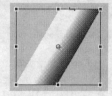

图2-53 图形效果

step 34 执行"插入">"新建元件"命令,弹出"创建新元件"对话框,设置元件"名称"为"文字效果1",元件"类型"为"影片剪辑",如图2-54所示。单击"时间轴"面板上"图层1"第1帧位置,将"文字5"拖入场景如图2-55所示位置。单击"图层1"第57帧位置,按【F5】键插入空白帧。

图2-54 新建元件

图2-55 元件效果

step 35 选中元件,执行"窗口">"属性">"滤镜"命令,打开"滤镜"面板,设置如图2-56所示。

step 36 单击"时间轴"面板上的"插入图层"按钮,新建"图层2",单击"时间轴"面板上"图层2"第1帧位置,将"文字6"拖入场景如图2-57所示位置。单击"图层1"第57帧位置,按【F5】键插入空白帧。选中元件,执行"窗口">"属性">"滤镜"命令,打开"滤镜"面板,设置同步骤35。效果如图2-58所示。

图2-56 设置"滤镜"面板

图2-57 文字效果

图2-58 文字效果

step 37 单击"时间轴"面板上的"插入图层"按钮,新建"图层3",单击"时间轴"面板上"图层2"第1帧位置,将"遮罩1"拖入场景如图2-59所示位置。

step 38 分别单击"图层3"第23帧和第42帧位置,按【F6】键插入关键帧,单击"图层3"第23帧位置,将元件移至如图2-60所示位置。

图2-59 文字效果

图2-60 文字效果

step 39 分别单击"图层3"第1帧和第23帧位置,设置"属性"面板上"补间类型"为"动画"。时间轴效果如图2-61所示。

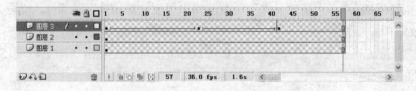

图2-61 时间轴效果

step 40 单击"时间轴"面板上的"插入图层"按钮,新建"图层3"单击"时间轴"面板上"图层2"第1帧位置,将"遮罩1"拖入场景如图2-62所示位置。

step 41 右击"图层4",在弹出的快捷菜单中选择"遮罩层"选项,如图2-63所示。

step 42 单击"时间轴"面板上的"插入图层"按钮,新建"图层3",单击"时间轴"面板上"图层2"第1帧位置,将"遮罩1"拖入场景如图2-64所示位置。

step 43 分别单击"图层3"第23帧和第42帧位置,按【F6】键插入关键帧,单击"图层3"第23帧位置,将元件移至如图2-65所示位置。

图2-62 图形效果

图2-63 选择"遮罩层"选项

图2-64 图形效果

图2-65 图形效果

**step 44** 分别单击"图层3"第1帧和第23帧位置,设置"属性"面板上"补间类型"为"动画"。时间轴效果如图2-66所示。

图2-66 时间轴效果

**step 45** 单击"时间轴"面板上的"插入图层"按钮,新建"图层3"单击"时间轴"面板上"图层2"第1帧位置,将"遮罩1"拖入场景如图2-67所示位置。

**step 46** 右击"图层4",在弹出的快捷菜单中选择"遮罩层"选项,如图2-68所示。

图2-67 图形效果

图2-68 选择"遮罩层"选项

**step 47** 执行"插入">"新建元件"命令,弹出"创建新元件"对话框,设置元件"名称"为"文字7",元件"类型"为"图形",如图2-69所示。单击"文本"工具,设置"文本(填充)颜色"为"#000000","字体大小"为"12",在场景中输入文字,如图2-70所示。

**step 48** 执行"插入">"新建元件"命令,弹出"创建新元件"对话框,设置元件"名称"为"文字8",元件"类型"为"图形",如图2-71所示。单击"文本"工具,设置"文本(填充)颜色"为"#FFFFFF","字体大小"为"12",在场景中输入文字,如图2-72所示。

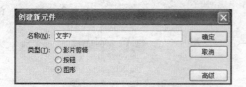

图2-69 新建元件

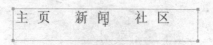

图2-70 文字效果

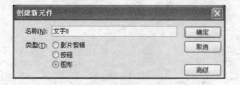

图2-71 新建元件

图2-72 文字效果

**step 49** 单击"时间轴"面板上"场景1"标签返回"场景1"，单击第1帧位置，执行"文件">"导入">"导入到舞台"命令，将图片"源文件与素材\实例3\素材\images2.png"导入到场景中，如图2-73所示。

**step 50** 单击第1帧位置，执行"文件">"导入">"导入到舞台"命令，将图片"源文件与素材\实例3\素材\images1.png"导入到场景中，如图2-74所示。

图2-73 导入图片

图2-74 导入图片

**step 51** 单击"时间轴"面板上的"插入图层"按钮，新建"图层2"，单击"图层2"第1帧位置，将"文字效果1"元件拖入场景如图2-75所示位置。

**step 52** 单击"时间轴"面板上的"插入图层"按钮，新建"图层3"，单击"图层3"第1帧位置，将"文字7"元件拖入场景如图2-76所示位置。

图2-75 元件效果

图2-76 元件效果

**step 53** 单击"时间轴"面板上的"插入图层"按钮，新建"图层4"，单击"图层4"第1帧位置，执行"文件">"导入">"导入到舞台"命令，将图片"源文件与素材\实例3\素材\images11.png"导入到场景中，如图2-77所示。

step 54 单击"时间轴"面板上的"插入图层"按钮，新建"图层5"，单击"图层5"第1帧位置，将"文字8"元件拖入场景如图2-78所示位置。

图2-77 导入图片

图2-78 文字效果

step 55 单击"时间轴"面板上的"插入图层"按钮，新建"图层6"，单击"图层6"第1帧位置，将"鱼按钮1"元件拖入场景如图2-79所示位置。设置"属性"面板上"实例名称"为"menu2"。

step 56 单击"时间轴"面板上的"插入图层"按钮，新建"图层7"，单击"图层7"第1帧位置，将"鱼按钮2"元件拖入场景如图2-80所示位置。设置"属性"面板上"实例名称"为"menu0"。

图2-79 元件效果

图2-80 元件效果

step 57 单击"时间轴"面板上的"插入图层"按钮，新建"图层8"，单击"图层8"第1帧位置，将"鱼按钮3"元件拖入场景如图2-81所示位置。设置"属性"面板上"实例名称"为"menu1"。

step 58 单击"时间轴"面板上的"插入图层"按钮，新建"图层9"，单击"图层9"第1帧位置，将"鱼按钮4"元件拖入场景如图2-82所示位置。设置"属性"面板上"实例名称"为"menu3"。

图2-81 元件效果

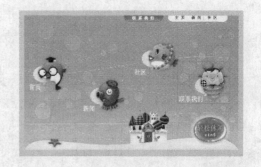

图2-82 元件效果

step 59 单击"时间轴"面板上的"插入图层"按钮，新建"图层10"，单击"图层10"第1帧位置，执行"窗口">"动作"命令，打开"动作-帧"面板。

输入如下语句：

```
stop ();
_global.nMenu = 4;
_global.goURL = function (_type, _num)
{
    var str = _type == "M" ? ("main") : ("top");
    var ary = eval(str + "LinkUrl");
    getURL(ary[_num], "");
};
menuOver = function (mc)
{
    trace ("menuOver");
    mc.hitMc.onRollOver = function ()
    {
        trace ("over");
        if (this._parent._name.substr(0, 4) == "menu")
        {
            _global.nMenu = Number(this._parent._name.substr(-1, 1));
            menuPosSet(this._parent.num);
        }
        else if (this._parent._name.substr(0, 3) == "btn")
        {
            this._parent.nextFrame();
        } // end else if
    };
};
menuOut = function (mc)
{
    mc.hitMc.onRollOut = function ()
    {
        if (this._parent._name.substr(0, 4) == "menu")
        {
            _global.nMenu = 4;
        }
        else if (this._parent._name.substr(0, 3) == "btn")
        {
            this._parent.prevFrame();
        } // end else if
        chkCurrentPageMenu();
    };
};
menuRelease = function (mc)
{
    mc.hitMc.onRelease = function ()
    {
        if (this._parent._name.substr(0, 4) == "menu")
        {
            _global.goURL("M", Number(this._parent._name.substr(-1, 1)));
        }
        else if (this._parent._name.substr(0, 3) == "btn")
        {
            _global.goURL("B", Number(this._parent._name.substr(-1, 1)));
```

```
                        } // end else if
                };
        };
        this.onEnterFrame = function ()
        {
                for (var _loc4 = 0; _loc4 < 4; ++_loc4)
                {
                        var _loc3 = this["menu" + _loc4];
                        if (_loc4 == _global.nMenu)
                        {
                                _loc3.nextFrame();
                        }
                        else
                        {
                                _loc3.prevFrame();
                                _loc3.prevFrame();
                        } // end else if
                        if (Math.abs(_loc3.tx - _loc3._x) < 2.000000E-001)
                        {
                                _loc3._x = _loc3.tx;
                                continue;
                        } // end if
                        _loc3._x = _loc3._x + (_loc3.tx - _loc3._x) * 1.500000E-001;
                } // end of for
        };
        menuPosSet = function (activeNum)
        {
                var refX = eval("menu" + activeNum)._x;
                var i = 0;
                while (i < 4)
                {
                        var mc = eval("menu" + i);
                        mc.tx = refX + (mc.num - activeNum) * minSpaceW;
                        var sign;
                        if (mc.num < activeNum)
                        {
                                sign = -1;
                        }
                        else if (mc.num > activeNum)
                        {
                                sign = 1;
                        }
                        else
                        {
                                sign = 0;
                        } // end else if
                        mc.tx = mc.tx + maxSpaceW * 3.000000E-001 * sign;
                        mc.tx = Math.max(minX, Math.min(maxX, mc.tx));
                        trace ("mc:" + mc + "  tx:" + mc.tx);
                        ++i;
                } // end while
        };
        topLinkUrl = ["/main.asp", "/enne/main.asp", "/join/join1.asp", "/mypage/main.asp"];
```

```
mainLinkUrl = ["/pain/main.asp", "/escape/main.asp", "/pharm/main.asp", "/event/525_event.asp"];
chkCurrentPageMenu = function ()
{
    var mNum = Number(top_categ);
    if (mNum)
    {
        var mc = eval("menu" + (mNum - 1)).hitMc;
        mc.hitMc.onRollOver();
    }
    else
    {
        var i = 0;
        while (i < 4)
        {
            var mc = eval("menu" + i);
            mc.tx = mc.ix;
            ++i;
        } // end while
    } // end else if
};
minX = 0;
maxX = 500;
totalSpace = maxX - minX;
menuMaxNum = 4;
spaceW = totalSpace / (menuMaxNum - 1);
maxScale = 1.100000E+000;
maxSpaceW = spaceW * maxScale;
minSpaceW = (totalSpace - maxSpaceW) / (menuMaxNum - 2);
var i = 0;
while (i < 4)
{
    var mc = eval("menu" + i);
    mc.num = i;
    mc.ix = mc._x;
    menuOver(mc);
    menuOut(mc);
    menuRelease(mc);
    menuOver(eval("btn" + i));
    menuOut(eval("btn" + i));
    menuRelease(eval("btn" + i));
    ++i;
} // end while
launchWinBtn.onPress = function ()
{
    getURL("javascript:launchMedicalWin()");
};
chkCurrentPageMenu();
topMenuBtn.gotoAndStop(1);
topMenuBtn.onRollOver = function ()
{
    this.gotoAndStop(2);
};
topMenuBtn.onRollOut = function ()
```

```
{
    this.gotoAndStop(1);
};
topMenuBtn.onPress = function ()
{
    getURL("javascript:intropop ( );");
};
```

**step 66** 执行"文件">"保存"命令，按【Enter+Ctrl】键，测试动画，效果如图2-83所示。

图2-83 测试动画效果

## 设计说明

社区网站的按钮动画的特点，需要能够体现该该社区网站的特点。本例制作的是儿童休闲社区网站导航按钮，不同的栏目按钮使用了不同的表现方法和卡通形象。

颜色应用：

本例要注意主色调的运用，儿童类的社区网站，需要应用明亮、鲜艳的颜色吸引儿童的注意，本例中将按钮的图像形态做成蓝色的水泡就是很好的表现方法。

动画应用：

本例中使用了Flash的基本动画类型制作各种元件，并且通过遮罩动画制作按钮上文字的过光效果。

## 知识点总结

本例主要运用了实例名称的管理和遮罩动画等相关知识。

### 1. 设置实例名称

在Flash中可以对"类型"为"影片剪辑"的元件设置实例名称，设置实例名称之后，便可以使用脚本代码对元件进行调用，通过脚本代码实现对"影片剪辑"的控制，如图2-84所示。

### 2. 遮罩动画

在Flash中可以对图层添加遮罩动画，遮罩动画在Flash中应用相当广泛，应用遮罩动画可以使Flash动画更具变化性。通过遮罩动画可以实现多种效果，例如本例中的过光效果，就是应用了遮罩动画的效果，如图2-85所示。

图2-84 设置实例名称

图2-85 遮罩动画效果

## 拓展训练

制作网站时常常需要对网站进行导航，使用Flash动画既可以实现导航功能，还可以制作出各种不同的特效，使网页的效果更加多样化。在本例的制作过程中，首先制作动画中需要的各个元件，然后利用时间轴将动画组合到场景中，最后使用代码脚本控制动画的播放。本例的最终效果图如图2-86所示。

**step 01** 执行"文件">"新建"命令，新建一个Flash文档。单击"属性"面板上的"尺寸大小"按钮 550 x 400 像素 ，在弹出的"文档属性"对话框设置"尺寸"为153px×278px，"帧频"设置为30，其他设置如图2-87所示。

图2-86 实例最终效果

图2-87 "文档属性"对话框

**step 02** 执行"插入">"新建元件"命令，弹出"创建新元件"对话框，设置元件"名称"为"背景"，元件"类型"为"图形"，如图2-88所示。执行"文件">"导入">"导入到舞台"命令，将图片"源文件与素材\实例3\素材\images1.png"导入到场景中，并调整位置，如图2-89所示。

图2-88 新建元件

图2-89 导入图片

**step 03** 执行"插入">"新建元件"命令，弹出"创建新元件"对话框，设置元件"名称"为"start"，元件"类型"为"图形"，如图2-90所示。执行"文件">"导入">"导入到舞台"命令，将图片"源文件与素材\实例3\素材\images3.png"导入到场景中，并调整位置，如图2-91所示。

图2-90 新建元件

图2-91 导入图片

**step 04** 执行"插入">"新建元件"命令，弹出"创建新元件"对话框，设置元件"名称"为"start1"，元件"类型"为"图形"，如图2-92所示。执行"文件">"导入">"导入到舞台"命令，将图片"源文件与素材\实例3\素材\images4.png"导入到场景中，并调整位置，如图2-93所示。

图2-92 新建元件

图2-93 导入图片

**step 05** 执行"插入">"新建元件"命令，弹出"创建新元件"对话框，设置元件"名称"为"箭头"，元件"类型"为"图形"，如图2-94所示。执行"文件">"导入">"导入到舞台"命令，将图片"源文件与素材\实例3\素材\images2.png"导入到场景中，并调整位置，如图2-95所示。

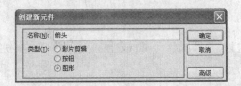

图2-94 新建元件

图2-95 导入图片

**step 06** 执行"插入">"新建元件"命令，弹出"创建新元件"对话框，设置元件"名称"为"move箭头"，元件"类型"为"影片剪辑"，如图2-96所示。执行"窗口">"库"命令，打开"库"面板，将图形元件"箭头"从"库"面板中拖入场景中，并调整位置，如图2-97所示。

图2-96 新建元件

图2-97 导入图片

**step 07** 单击时间轴第74帧位置，按【F5】键插入帧，时间轴效果如图2-98所示。

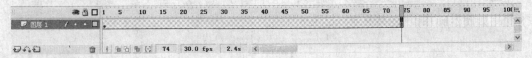

图2-98 时间轴效果

图2-99 图形效果

step 08 单击"时间轴"面板上的"插入图层"按钮 🛢，新建"图层2"。单击时间轴第56帧位置，按【F6】键插入关键帧。单击"钢笔"工具 ✍，设置"填充色"为"#FFD200"，在场景中绘制如图2-99所示图形。依次单击时间轴第69帧和第74帧位置，分别按【F6】键插入关键帧，时间轴效果如图2-100所示。

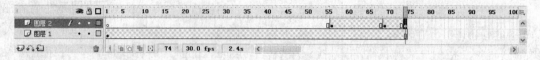

图2-100 时间轴效果

step 09 单击第56帧的元件，在"颜色"面板上修改其填充颜色的Alpha值为0%，如图2-101所示，效果如图2-102所示。用同样的方法，将第74帧上元件的填充颜色的Alpha值修改为0%。

图2-101 设置"颜色"面板

图2-102 图形效果

step 10 分别单击第56帧和第69帧位置，依次设置"属性"面板上"补间"类型为"形状"，如图2-103所示，时间轴效果如图2-104所示。

图2-103 设置"属性"面板

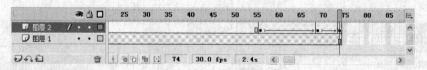

图2-104 时间轴效果

step 11 单击"时间轴"面板上的"插入图层"按钮 🛢，新建"图层3"。单击"文本"工具，在场景中输入如图2-105所示文本，文本"属性"面板设置如图2-106所示。

step 12 执行"窗口">"变形"命令，在弹出的"变形"面板的"旋转"文本框中输入-8度，如图2-107所示。效果如图2-108所示。

图2-105　图形效果

图2-106　设置"属性"面板

图2-107　设置"变形"面板

图2-108　图形效果

**step 13** 执行"插入">"新建元件"命令，弹出"创建新元件"对话框，设置元件"名称"为"movestart"，元件"类型"为"影片剪辑"，如图2-109所示。执行"窗口">"库"命令，打开"库"面板，将图形元件"start"从"库"面板中拖入场景中，并调整位置，如图2-110所示。

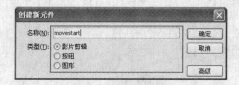

图2-109　新建元件

图2-110　图形效果

**step 14** 分别单击时间轴第10、12、14、16帧位置，依次按F6键插入关键帧。单击时间轴第130帧位置，按【F5】键插入帧，时间轴效果如图2-111所示。

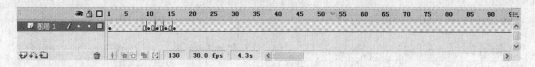

图2-111　时间轴效果

**step 15** 依次单击第10、14帧上的元件，分别设置其"属性"面板的"亮度"值为60%，如图2-112所示。效果如图2-113所示。

图2-112　设置"属性"面板

图2-113　图形效果

**step 16** 单击"时间轴"面板上的"插入图层"按钮，新建"图层2"。单击"钢笔"工具，在场景中绘制如图2-114所示图形。单击"插入图层"按钮，新建"图层3"，并拖动到"图层2"下，单击时间轴第40帧位置，按【F6】键插入关键帧，时间轴效果如图2-115所示。

图2-114 图形效果

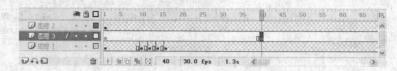

图2-115 时间轴效果

**step 17** 单击"矩形"工具，设置"混色器"面板如图2-116所示，将填充颜色设置为从透明到白色再到透明的效果，在场景中绘制一个163px×103px的矩形，效果如图2-117所示。

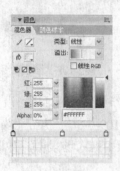

图2-116 设置"颜色"面板

图2-117 图形效果

**step 18** 单击"任意变形"工具，调整并旋转图形到如图2-118所示位置。单击时间轴第50帧位置，按【F6】键插入关键帧，调整元件到如图2-119所示位置。

图2-118 图形效果

图2-119 图形效果

**step 19** 单击"图层3"第40帧位置，设置其"属性"面板上"补间"类型为"形状"，时间轴效果如图2-120所示。

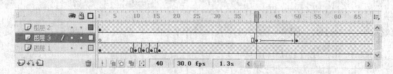

图2-120 时间轴效果

**step 20** 在"图层2"图层名称处单击右键，在弹出的快捷菜单中选择"遮罩层"命令，如图2-121所示。得到效果如图2-122所示。

**step 21** 执行"插入">"新建元件"命令，弹出"创建新元件"对话框，设置元件"名称"为"反应区"，元件"类型"为"按钮"，如图2-123所示。单击时间轴上"点击"状态，按【F6】键插入关键帧。单击"矩形"工具，在场景中绘制一个矩形，效果如图2-124所示。

图2-121　选择"遮罩层"命令

图2-122　图形效果

图2-123　新建元件

图2-124　图形效果

**step 22** 单击"时间轴"面板上的"场景1"标签，返回场景编辑状态。执行"窗口" > "库"命令，将元件"背景"从"库"面板中拖入场景中，并调整位置，如图2-125所示。单击时间轴第9帧位置，按【F5】键插入帧，时间轴效果如图2-126所示。

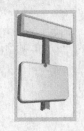

图2-125　图形效果

图2-126　时间轴效果

**step 23** 单击"时间轴"面板上的"插入图层"按钮，新建"图层2"。将元件"move箭头"从"库"面板中拖入场景中，调整位置如图2-127所示。单击时间轴第9帧位置，按【F6】键插入关键帧。使用"任意变形"工具调整元件位置如图2-128所示。

图2-127　图形效果

图2-128　图形效果

**step 24** 单击"时间轴"面板上的"插入图层"按钮，新建"图层3"。将元件"movestart"从"库"面板中拖入场景中，并调整位置如图2-129所示。单击"插入图层"按钮，新建"图层4"，执行"文件">"导入">"导入到舞台"命令，将图片"源文件与素材\实例3\素材\image5.png"导入到场景中，并调整位置到如图2-130所示。

图2-129　图形效果

图2-130　导入图片

**step 25** 单击"时间轴"面板上的"插入图层"按钮，新建"图层5"。执行"文件">"导入">"导入到舞台"命令，将图片"源文件与素材\实例3\素材\image6.png"导入到场景中，并调整位置到如图2-131所示。单击"插入图层"按钮，新建"图层6"，将元件"反应区"从"库"面板中拖入场景中，并调整大小和位置如图2-132所示。

图2-131　导入图片

图2-132　图形效果

**step 26** 选中按钮元件"反应区"，执行"窗口">"动作"命令，在弹出的"动作-帧"面板中输入以下代码：

```
on (rollOver)
{
    gotoAndPlay("bb");
}
```

**step 27** 单击时间轴第9帧位置，按【F6】键插入关键帧，使用"任意变形"工具调整元件大小如图2-133所示。在"动作-帧"面板中输入以下代码：

```
on (rollOut)
{
    gotoAndPlay("aa");
}
on (release)
{
    getURL("链接地址");
}
```

**step 28** 单击"插入图层"按钮，新建"图层7"。将按钮元件"反应区"从"库"面板中拖入场景中，调整位置和大小如图2-134所示。在"动作-帧"面板中输入以下代码：

```
on (release)
```

```
    {
        getURL("http://www.5ifz.cn");
    }
```

图2-133 图形效果

图2-134 图形效果

**step 29** 单击"时间轴"面板上的"插入图层"按钮，新建"图层8"。单击第1帧位置，设置其"属性"面板上"帧标签"为aa，如图2-135所示。单击时间轴第9帧位置，按【F6】键插入关键帧，设置其"属性"面板上"帧标签"为bb，时间轴效果如图2-136所示。

图2-135 设置"属性"面板

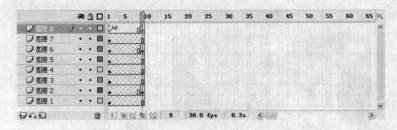

图2-136 时间轴效果

**step 30** 单击"插入图层"按钮，新建"图层9"。单击时间轴第1帧位置，在"动作-帧"面板中输入"stop();"语句。单击第9帧位置，按【F6】键插入关键帧，在"动作-帧"面板中输入"stop();"语句，时间轴效果如图2-137所示。

**step 31** 执行"文件" &gt; "保存"命令，命名文件为"3-1.fla"，单击"保存"按钮，保存文件，完成动画制作。同时按下【Ctrl + Enter】键，测试动画，效果如图2-138所示。

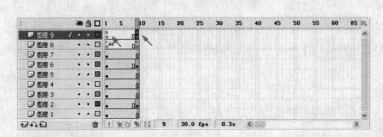

图2-137 时间轴效果

图2-138 测试动画效果

## 职业快餐

### 1. Flash按钮设计的分类

单独类按钮——通常该类按钮在页面中单独出现，按钮的风格需要与页面的风格相统一，如图2-139所示。

图2-139　单独类按钮

群组类按钮——这类按钮通常是由几个按钮一起组成，群组按钮之间的风格相近，并且整体风格需要与页面风格一致，如图2-140所示。

图2-140　群组类按钮

综合类按钮——这一类按钮通常并不是独立存在的，通常会和一些广告动画或场景动画制作在一起，如图2-141所示。

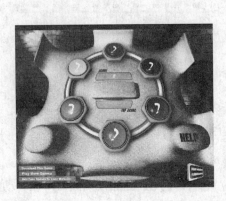

图2-141　综合类按钮

### 2. 按钮设计的表现形式

制作Flash按钮最重要的是创意而不是技术，由于按钮的特殊性，通常按钮动画都是鼠标移动到按钮上触发一个动作事件，产生动画，不需要有很复杂的动画过程，重要的是设计者一定要能够把握好按钮动画的风格与整体页面的风格相一致，并且要给人留下深刻的印象。按钮的动态表现形式以及风格的把握，需要读者多参考成功的作品，多从创作者的角度思考问题，才能快速提高设计制作水平。

## 实例4

### 影视网站按钮动画

素材路径：源文件与素材\实例4
\素材
源文件路径：源文件与素材\实例4
\影视网站按钮动画.fla

实例效果图4

## 情景再现

我们是XX动画网站的长期战略合作伙伴，主要负责该网站的整体设计和维护工作。

今天一早刚到公司，就接到XX动画网站网络部经理的电话。

"XX，你好！我们公司的网站动画好久没有升级了，尤其是上面的按钮动画，都太传统了，与其他网站相比，缺乏新意和个性，我们决定先把这些按钮动画重新更换一下。希望您那边能尽快提供修改方案，谢谢！"

根据对客户资料的详细分析，我们迅速进入到了按钮动画设计的构思当中。

## 任务分析

· 根据客户要求构思创意。

· 根据创意收集素材并制作出单个的动画。

· 将单个的按钮动画组合起来，并合理调整布局。

· 测试动画，并对不合适的地方进行适当的修改，最终完成制作。

## 流程设计

在制作时，我们首先根据创意处理好各个按钮的素材图像，并根据要求分别制作出每个按钮的动画，然后将所有的按钮组合到一块，并调整好它们的布局。最后测试动画，并对整体动画效果做适当的调整。

实例流程设计图4

## 任务实现

图2-142　"文档属性"对话框

**step 01** 执行"文件">"新建"命令，新建一个Flash文档。单击"属性"面板上的"尺寸大小"按钮 550 x 400 像素，在弹出的"文档属性"对话框设置"尺寸"为663px×390px，"帧频"设置为20，其他设置如图2-142所示。

**step 02** 执行"插入">"新建元件"命令，弹出"创建新元件"对话框，设置元件"名称"为"按钮元件1"，元件"类型"为"影片剪辑"，如图2-143所示。执行"文件">"导入">"导入到舞台"命令，将图片"源文件与素材\实例4\素材\image2.jpg"导入场景中，如图2-144所示。

图2-143　新建元件

图2-144　导入图片

**step 03** 选中图形，执行"修改">"转换为元件"命令，设置"类型"为"图形"，设置"名称"为"图片1"，如图2-145所示。

**step 04** 单击"图层1"第2帧位置，按【F5】键插入帧。单击"时间轴"面板上的"插入图层"按钮，新建"图层2"。单击"图层2"第2帧位置，执行"文件">"导入">"导入到舞台"命令，将图片"源文件与素材\实例4\素材\image3.jpg"导入场景中，如图2-146所示。

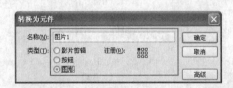

图2-145　转换元件

图2-146　导入图片

**step 05** 选中图形，执行"修改">"转换为元件"命令，设置"类型"为"图形"，设置"名称"为"图片2"，如图2-147所示。

**step 06** 单击"时间轴"面板上的"插入图层"按钮，新建"图层3"。单击"图层3"第1帧位置，执行"窗口">"动作"命令，打开"动作-帧"面板，输入"stop();"语句。单击

"图层3"第2帧位置，按【F6】键插入关键帧，执行"窗口"＞"动作"命令，打开"动作-帧"面板，输入"stop();"语句。时间轴效果如图2-148所示。

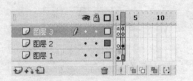

图2-147　转换元件　　　　　　　　　　图2-148　时间轴效果

**step 07** 用同样的方法制作其他的元件，效果如图2-149所示。

图2-149　制作元件

**step 08** 执行"插入"＞"新建元件"命令，弹出"创建新元件"对话框，设置元件"名称"为"按钮元件组"，元件"类型"为"影片剪辑"，如图2-150所示，

**step 09** 单击"时间轴"面板上"图层1"第1帧位置，将"按钮元件1"元件拖入场景中，如图2-151所示。

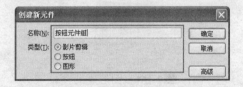

图2-150　新建元件　　　　　　　　　　图2-151　图形效果

**step 10** 选中元件，设置"属性"面板上"实例名称"为"tt1"，如图2-152所示。单击"图层1"第2帧位置，按【F7】键插入空白关键帧，将"按钮元件2"拖入场景中，如图2-153所示。

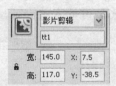

图2-152　设置"属性"面板　　　　　　图2-153　图形效果

**step 11** 选中元件，设置"属性"面板上"实例名称"为"tt2"，如图2-154所示。单击"图层1"第3帧位置，按【F7】键插入空白关键帧，将"按钮元件3"拖入场景中，如图2-155所示。

图2-154　设置"属性"面板　　　　　　图2-155　图形效果

**step 12** 选中元件，设置"属性"面板[5]上"实例名称"为"tt3"，如图2-156所示。单击"图层1"第4帧位置，按【F7】键插入空白关键帧，将"按钮元件4"拖入场景中，如图2-157所示。

图2-156　设置"属性"面板

图2-157　图形效果

**step 13** 选中元件，设置"属性"面板上"实例名称"为"tt4"，如图2-158所示。单击"图层1"第5帧位置，按【F7】键插入空白关键帧，将"按钮元件5"拖入场景中，如图2-159所示。

图2-158　设置"属性"面板

图2-159　图形效果

**step 14** 选中元件，设置"属性"面板上"实例名称"为"tt5"，如图2-160所示。单击"图层1"第6帧位置，按【F7】键插入空白关键帧，将"按钮元件6"拖入场景中，如图2-161所示。

图2-160　设置"属性"面板

图2-161　图形效果

**step 15** 选中元件，设置"属性"面板上"实例名称"为"tt6"，如图2-162所示。

**step 16** 单击"时间轴"面板[6]上的"插入图层"按钮，新建"图层2"。单击"图层2"第1帧位置，执行"窗口">"动作"命令，打开"动作-帧"面板，输入"stop();"语句。分别单击第2帧、第3帧、第4帧、第5帧和第6帧位置，依次按【F6】键插入关键帧，并输入同样的语句，时间轴效果如图2-163所示。

图2-162　设置"属性"面板

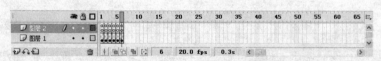

图2-163　时间轴效果

---

[5] "属性"面板："属性"面板是Flash中使用最为频繁的控制面板，主要用于设置文档、图形、文本、关键帧的属性，其内容取决于当前选定的内容或操作状态。例如，在新建文档或者未选中任何对象时，"属性"面板中显示文档的尺寸、背景颜色等信息。当选择工具箱中的"文本"工具并在舞台中单击，或者选中输入的文本对象时，在"属性"面板中显示有关文本的一些属性设置。

[6] "时间轴"面板："时间轴"面板用于管理动画中的图层和帧，从面板中可以看出，影片中的图层位于"时间轴"的左侧，每个图层包含的帧位于该图层名右侧。

**step 17** 执行"插入">"新建元件"命令，弹出"创建新元件"对话框，设置元件"名称"为"屏幕动画"，元件"类型"为"影片剪辑"，如图2-164所示。单击"图层1"第1帧位置，执行"文件">"导入">"导入到舞台"命令[7]，将图片"源文件与素材\实例4\素材\image19.jpg"导入场景中，如图2-165所示。

图2-164 新建元件

图2-165 导入图片

**step 18** 单击"图层1"第10帧位置，按【F7】键插入空白关键帧。执行"文件">"导入">"导入到舞台"命令，将图片"源文件与素材\实例4\素材\image20.jpg"导入场景中，如图2-166所示。单击"图层1"第20帧位置，按【F5】键插入空白帧，时间轴效果如图2-167所示。

图2-166 导入图片

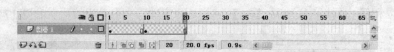

图2-167 时间轴效果

**step 19** 执行"插入">"新建元件"命令，弹出"创建新元件"对话框，设置元件"名称"为"电视"，元件"类型"为"影片剪辑"，如图2-168所示。单击"图层1"第1帧位置，执行"文件">"导入">"导入到舞台"命令，将图片"源文件与素材\实例4\素材\image14.jpg"导入场景中，如图2-169所示。

图2-168 新建元件

图2-169 导入图片

**step 20** 单击"时间轴"面板上的"插入图层"按钮，新建"图层2"。单击"图层2"第1帧位置，将"屏幕动画"元件拖入场景中，如图2-170所示。

**step 21** 执行"插入">"新建元件"命令，弹出"创建新元件"对话框，设置元件"名称"为"按钮动画"，元件"类型"为"影片剪辑"，如图2-171所示。

---

7 "导入到舞台"命令：使用该命令，用户可导入Flash能识别的多种格式的矢量图形、位图图像以及图像序列，用户可通过将其导入到当前文档或文档库中来使用它们。还可以利用剪贴板来导入位图，所有被直接导入到Flash文档中的位图都被自动增加到文档库中。

图2-170　图形效果

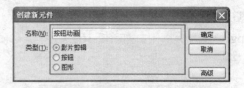

图2-171　新建元件

**step 22** 单击"图层1"第1帧位置，将"按钮元件组"元件拖入场景中，如图2-172所示。

**step 23** 选中元件，设置"属性"面板上的"实例名称"为"t1"，如图2-173所示。

图2-172　图形效果

图2-173　设置"属性"面板

**step 24** 分别单击"图层1"第40帧、第65帧、第93帧、第94帧、第95帧、第96帧、第97帧和第143帧，依次按【F6】键插入关键帧，时间轴效果如图2-174所示。

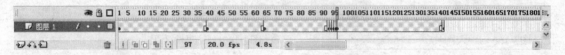

图2-174　时间轴效果

**step 25** 单击"图层1"第40帧位置，单击"选择"工具，调整场景中元件的位置，如图2-175所示。

**step 26** 单击"图层1"第93帧位置，单击"选择"工具，调整场景中元件的位置，如图2-176所示。

图2-175　图形效果

图2-176　图形效果

**step 27** 分别单击"图层1"第94帧和第96帧位置，单击"选择"工具，依次调整场景中元件的位置，如图2-177所示。

**step 28** 分别单击"图层1"第95帧和第97帧位置，单击"选择"工具，依次调整场景中元件的位置，如图2-178所示。

**step 29** 分别单击"图层1"第1帧、第40帧、第65帧、第93帧、第94帧、第95帧、第96帧和第97帧位置，依次设置"属性"面板上"补间类型"为"动画"，时间轴效果如图2-179所示。

图2-177 图形效果

图2-178 图形效果

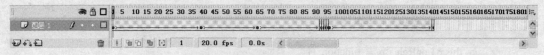

图2-179 时间轴效果

**step 30** 用同样的方法制作其他动画，效果如图2-180所示，时间轴效果如图2-181所示。

图2-180 图形效果

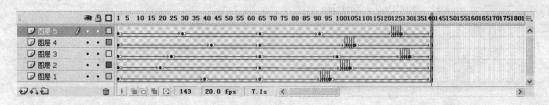

图2-181 时间轴效果

**step 31** 单击"时间轴"面板上的"插入图层"按钮，新建"图层6"。单击"图层6"第1帧位置，将"电视"元件拖入场景中如图2-182所示位置。

图2-182 图形效果

**step 32** 单击"时间轴"面板上的"插入图层"按钮，新建"图层7"。单击"图层7"第1帧位置，执行"窗口">"动作"命令，打开"动作">"帧"面板，输入以下语句：

```
t1.onEnterFrame = function ()
{
    this.gotoAndStop(1);
    this.tt1.onRollOver = function ()
    {
        stop ();
        this.gotoAndStop(2);
    };
    this.tt1.onRollOut = function ()
    {
        play ();
        this.gotoAndStop(1);
    };
    this.tt1.onRelease = function ()
    {
        m.gotoAndStop(2);
    };
};
t2.onEnterFrame = function ()
{
    this.gotoAndStop(2);
    this.tt2.onRollOver = function ()
    {
        stop ();
        this.gotoAndStop(2);
    };
    this.tt2.onRollOut = function ()
    {
        play ();
        this.gotoAndStop(1);
    };
    this.tt2.onRelease = function ()
    {
        m.gotoAndStop(3);
    };
};
t3.onEnterFrame = function ()
{
    this.gotoAndStop(3);
    this.tt3.onRollOver = function ()
    {
        stop ();
        this.gotoAndStop(2);
    };
    this.tt3.onRollOut = function ()
    {
        play ();
        this.gotoAndStop(1);
    };
    this.tt3.onRelease = function ()
    {
        m.gotoAndStop(4);
    };
};
```

```
    t4.onEnterFrame = function ()
    {
        this.gotoAndStop(4);
        this.tt4.onRollOver = function ()
        {
            stop ();
            this.gotoAndStop(2);
        };
        this.tt4.onRollOut = function ()
        {
            play ();
            this.gotoAndStop(1);
        };
        this.tt4.onRelease = function ()
        {
            m.gotoAndStop(5);
        };
    };
    t5.onEnterFrame = function ()
    {
        this.gotoAndStop(5);
        this.tt5.onRollOver = function ()
        {
            stop ();
            this.gotoAndStop(5);
        };
        this.tt5.onRollOut = function ()
        {
            play ();
            this.gotoAndStop(1);
        };
        this.tt5.onRelease = function ()
        {
            m.gotoAndStop(6);
        };
    };
    t6.onEnterFrame = function ()
    {
        this.gotoAndStop(6);
        this.tt6.onRollOver = function ()
        {
            stop ();
            this.gotoAndStop(2);
        };
        this.tt6.onRollOut = function ()
        {
            play ();
            this.gotoAndStop(1);
        };
        this.tt6.onRelease = function ()
        {
            m.gotoAndStop(7);
        };
    };
```

**step 33** 执行"插入">"新建元件"命令，弹出"创建新元件"对话框，设置元件"名称"为"声音开关"，元件"类型"为"影片剪辑"，如图2-183所示。单击"图层1"第1帧位置，执行"文件">"导入">"导入到舞台"命令，将图片"源文件与素材\实例4素材\image17.jpg"导入场景中，如图2-184所示。

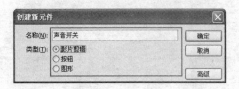

图2-183 新建元件

图2-184 导入图片

**step 34** 单击"图层1"第2帧位置，按【F7】键插入空白关键帧，执行"文件">"导入">"导入到舞台"命令，将图片"源文件与素材\实例4\素材\image18.jpg"导入场景中，如图2-185所示。

**step 35** 单击"时间轴"面板上的"插入图层"按钮，新建"图层2"。单击"图层2"第1帧位置，执行"窗口">"动作"命令，打开"动作-帧"面板，输入"stop();"语句。单击"图层2"第2帧位置，按【F6】键插入关键帧，执行"窗口">"动作"命令，打开"动作-帧"面板，输入"stop();"语句。时间轴效果如图2-186所示。

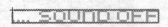

图2-185 导入图片

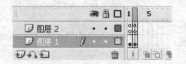

图2-186 时间轴效果

**step 36** 单击"时间轴"面板上的"场景1"标签，返回主场景，单击"图层1"第1帧位置，将"按钮动画"元件拖入场景中如图2-187所示位置，

**step 37** 单击"时间轴"面板上的"插入图层"按钮，新建"图层2"。单击"图层2"第1帧位置，将"声音开关"元件拖入场景中，如图2-188所示。

图2-187 图形效果

图2-188 图形效果

**step 38** 单击"图层2"第1帧位置，选中帧上的元件，设置"属性"面板上的"实例名称"为"on_off"

**step 39** 单击"时间轴"面板上的"插入图层"按钮，新建"图层3"。单击"图层3"第1帧位置，执行"窗口">"动作"命令，打开"动作-帧"面板，输入以下语句：

```
function fInit()
{
    if (SoundStatus == false)
    {
        on_off.gotoAndStop(1);
    }
    else
    {
        on_off.gotoAndStop(2);
    } // end else if
} // End of the function
stop ();
musvol = objSound.getVolume();
objSound = new Sound();
objSound.setVolume(100);
on_off.onRelease = function ()
{
    if (SoundStatus == false)
    {
        SoundStatus = true;
        objSound.setVolume(100);
        this.gotoAndStop(2);
    }
    else
    {
        SoundStatus = false;
        objSound.setVolume(0);
        this.gotoAndStop(1);
    } // end else if
    var _loc2 = SharedObject.getLocal(fileName);
    _loc2.data[0] = SoundStatus;
};
fInit();
```

**step 48** 执行"文件">"保存"命令，保存文件。按【Enter＋Ctrl】键测试动画，效果如图2-189所示。

图2-189　测试动画效果

## 设计说明

影视网站按钮动画需要能够体现出影视网站的特点，例如本例中，就是以电视屏幕的特点来体现影视网站的特点的。

动画应用：

本例中使用了Flash的基本动画类型制作图片切换动画，并且将按钮中的动画都制作在影片剪辑当中，通过脚本语言调用影片剪辑中的动画。

## 知识点总结

本例主要运用了旋转设置、形状补间动画、使用脚本调用"影片剪辑"、图片切换动画等知识。

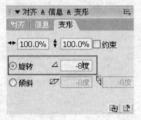

图2-190　旋转参数设置

### 1. 旋转设置

选择对象后，通过在"变形"面板中对旋转参数进行相应的设置，可以对场景中的图形进行旋转。输入正值时，图形将顺时针旋转，输入负值时，图形将逆时针旋转，如图2-190所示。

### 2. 形状补间动画

形状补间动画是Flash中的另一种类型的"补间"动画，它只作用于图形对象。若要对群组、实例、位图图像或文本应用形状补间，必须将其分解为图形元素。通过使用形状补间，可以创建类似变形的效果。在形状补间动画中，图形对象最初以某种形状出现，随着时间的推移，起初的形状将逐步转变为另外一个形状。此外，Flash还可以补间形状的位置、大小和颜色。

在Flash中最多可以使用26个变形关键点，分别用a到z表示。在起始关键帧的变形关键点用黄色圆圈表示，在结束帧用绿色圆圈表示。如果关键点的位置不在曲线上，将显示红色圆圈。为了获得最佳变形效果，应遵循以下原则：

（1）如果补间形状比较复杂，可以增加一个或多个中间形状，而不是只设定起始和结束关键帧中的形状。

（2）确保形状提示的变形关键点是符合逻辑的。例如，如果在一个三角形上添加了3个变形关键点，依次为a、b、c，那么无论将该三角形如何变形，这3个点始终应保持a、b、c的顺序，即在变形的结束帧中它们的顺序仍应该是a、b、c。

（3）如果将形状提示按照逆时针方向从图形的左上角位置开始，则变形效果更好。

（4）变形关键点不应太多，但应将每个关键点放置在合适的位置。

### 3. 使用脚本调用"影片剪辑"

将全部的菜单动画集中在一个"影片剪辑"中，然后用脚本代码进行调用，这样比较方便内容的更新，也大大减少了同样代码的重复书写，减少了代码的数量，非常方便动画的制作。

### 4. 图片切换动画

使用图片间交换，利用人眼的视觉残留现象，制作出的动画，图片与图片的位置及大小相同，只是有局部的变化，连续的图片切换，就形成了动画。

## 拓展训练

本例将制作一个科技类网站按钮动画，效果如图2-191所示。本例主要运用了图像缩放和动作补间动画的方法，来实现按钮的想动画。

**step 01** 执行"文件">"新建"命令，新建一个Flash文档。单击"属性"面板上的"尺寸大小"按钮 `550 x 400 像素`，在弹出的"文档属性"对话框设置"尺寸"为262px×116px，"帧频"设置为12，其他设置如图2-192所示。

图2-191 实例最终效果　　　　图2-192 "文档属性"对话框

**step 02** 执行"插入">"新建元件"命令，在弹出的"创建新元件"对话框中设置"类型"为"图形"，"名称"为"菜单背景"，如图2-193所示。

**step 03** 单击"矩形"工具，设置"笔触颜色"为"无"，设置"填充色"为"#FFDDAD"，单击"边角半径设置"按钮，弹出"矩形设置"对话框，设置"边角半径"值为"5"，在场景中绘制一个125px×50px的矩形，如图2-194所示。

图2-193 新建元件　　　　　　图2-194 图形效果

**step 04** 执行"插入">"新建元件"命令，在弹出的"创建新元件"对话框中设置"类型"为"图形"，"名称"为"背景"。

**step 05** 单击"矩形"工具，设置"混色器"面板如图2-195所示。

**step 06** 在场景中绘制一个262px×116px的矩形，如图2-196所示。

**step 07** 执行"插入">"新建元件"命令，在弹出的"创建新元件"对话框中设置"类型"为"图形"，"名称"为"菜单边框"，如图2-197所示。

**step 08** 单击"矩形"工具，设置"笔触颜色"为"#FFFFFF"，设置"填充色"为"无"，设置"属性"面板上的"笔触高度"为"2"，单击"边角半径设置"按钮，弹出"矩形设置"对话框，设置"边角半径"值为"5"，在场景中绘制4个125px×50px的矩形，如图2-198所示。

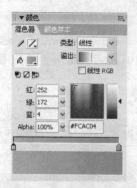

图2-195　设置"混色器"面板

图2-196　图形效果

图2-197　新建元件

图2-198　图形效果

**step 09** 执行"插入">"新建元件"命令，在弹出的"创建新元件"对话框中设置"类型"为"图形"，"名称"为"文字1"。

**step 10** 单击"文本"工具，设置"属性"面板如图2-199所示。在场景中输入文字，如图2-200所示。

图2-199　设置"属性"面板

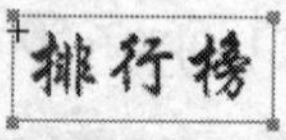

排行榜

图2-200　输入文字

**step 11** 用同样的方法制作其他元件，效果如图2-201所示。

图2-201　文字效果

**step 12** 执行"插入">"新建元件"命令，在弹出的"创建新元件"对话框中设置"类型"为"影片剪辑"，"名称"为"菜单动画1"，如图2-202所示。

**step 13** 单击"图层1"第1帧位置，将"菜单背景"元件拖入场景中，如图2-203所示。

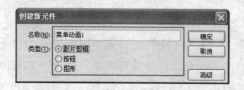

图2-202　新建元件

图2-203　图形效果

**step 14** 单击"图层1"第29帧位置，按【F6】键插入关键帧，单击第11帧和第19帧位置，按【F6】键插入关键帧，在第11帧和第19帧处设置"属性"面板上"颜色"样式的"色调"如图2-204所示。效果如图2-205所示。

图2-204 设置"属性"面板　　　　　　　　图2-205 图形效果

**step 15** 单击"图层1"第11帧和第19帧位置，设置"属性"面板上"补间类型"为"动画"，时间轴效果如图2-206所示。

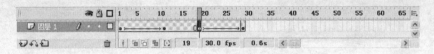

图2-206 时间轴效果

**step 16** 用同样的方法制作其他图层的动画，如图2-207所示，

**step 17** 单击"时间轴"面板上的"插入图层"按钮，新建"图层8"。单击"图层8"第15帧位置，按【F6】键插入关键帧，分别单击"图层8"第1帧和第15帧位置，依次执行"窗口">"动作"命令，打开"动作-帧"面板，输入"stop();"语句，时间轴效果如图2-208所示。

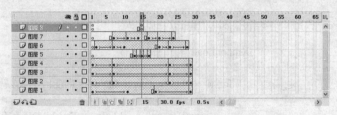

图2-207 图形效果　　　　　　　　　　图2-208 时间轴效果

**step 18** 用同样的方法制作其他的元件，如图2-209所示。

图2-209 图形效果

**step 19** 单击"时间轴"面板上的"场景1"标签，返回主场景，单击"图层1"第1帧位置，将"背景"元件拖入场景中，如图2-210所示。

**step 20** 单击"时间轴"面板上的"插入图层"按钮，新建"图层2"。单击"图层2"第1帧位置，将"菜单动画1"元件拖入场景中，如图2-211所示。设置"属性"面板上"实例名称"为"menu0"。

**step 21** 单击"时间轴"面板上的"插入图层"按钮，新建"图层3"。单击"图层3"第1帧位置，将"菜单背景"元件拖入场景中，如图2-212所示。右击图层名称，弹出快捷菜单，选择"遮罩层"选项。

图2-210 图形效果

图2-211 图形效果

**step 22** 用同样的方法制作其他图层的动画效果，如图2-213所示。

图2-212 图形效果

图2-213 图形效果

**step 23** 单击"时间轴"面板上的"插入图层"按钮，新建"图层10"。单击"图层10"第1帧位置，将"菜单边框"元件拖入场景中，如图2-214所示。

**step 24** 单击"时间轴"面板上的"插入图层"按钮，新建"图层11"。单击"图层11"第1帧位置，执行"窗口">"动作"命令，打开"动作-帧"面板，输入以下语句：

```
function initLink()
{
    oXml = new XML();
    oXml.ignoreWhite = true;
    oXml.onLoad = function ()
    {
        for (i = 0; i < this.childNodes.length; i++)
        {
            _root["menu" + i].link = this.childNodes[i].attributes.href;
            _root["menu" + i].target = this.childNodes[i].attributes.target;
            _root["menu" + i].num = i;
            _root["menu" + i].selected = false;
            _root["menu" + i].onRelease = function ()
            {
                this.selected = true;
                if (_root.selectedNum != this.num)
                {
                    _root["menu" + _root.selectedNum].selected = false;
                } // end if
                _root["menu" + _root.selectedNum].onRollOut();
                _root.selectedNum = this.num;
                getURL(this.link, this.target);
            };
        } // end of for
    };
} // End of the function
for (i = 0; i <= 3; i++)
{
```

```
        _root["menu" + i].onRollOver = function ()
        {
            if (this._currentframe != 1)
            {
                this.gotoAndPlay(this._totalframes + 1 - this._currentframe);
            }
            else
            {
                this.play();
            } // end else if
        };
        _root["menu" + i].onRollOut = function ()
        {
            this.gotoAndPlay(this._totalframes + 1 - this._currentframe);
        };
    } // end of for
    System.useCodepage = true;
    _root.selectedNum = -1;
    initLink();
```

**step 26** 执行 "文件" > "保存" 命令, 保存文件, 按【Enter + Ctrl】键, 测试动画, 效果如图2-215所示。

图2-214 图形效果

图2-215 测试动画效果

## 职业快餐

近些年来, 随着网络的发展, Flash动画风靡网络, 网页中也越来越多地应用Flash按钮。与传统的图像按钮相比Flash按钮制作精美, 并且能够吸引浏览者的目光, 增强页面的互动感。因此在现在的网页制作中, Flash按钮被大量采用。下面来谈谈用Flash制作按钮不容忽视的几个问题。

### 1. 易用性

与各式各样的图片按钮相比, 在网页中使用Flash按钮更容易被浏览者识别出来。网页中的普通操作按钮与用户电脑的操作系统中的按钮表现上是一致的, 这降低了用户的识别性。所以在现在的网页设计中越来越多地应用到Flash按钮, 如图2-216所示。

图2-216 简单易用的按钮

## 2. 动态效果

　　静态图片按钮的表现形式单一，不能引起浏览者的兴趣和注意。而Flash动态按钮能够传达更丰富的信息，增强页面的动感，并且可以突出该按钮与页面中其他普通按钮的区别，突出显示该按钮及其内容，如图2-217所示。

图2-217　　动态按钮

## 3. 可操作性

　　由于视觉设计上的需要，常常会将某个很重要的按钮制作成Flash按钮的形式，让这个按钮能够突出，与众不同。现在，在网页广告中也常常使用Flash按钮。之所以现在Flash按钮在网页中的应用会越来越广泛，最根本的原因在于网页设计师已经意识到了Flash按钮与普通按钮的区别，运用Flash按钮所能够达到的表现效果远远大于普通按钮，如图2-218所示。

图2-218　　可操作性强的按钮

# 第3章　网站导航制作

## 实例5

### 博客导航条

素材路径：源文件与素材\实例5\素材
源文件路径：源文件与素材\实例5\
博客导航条.fla

实例效果图5

## 情景再现

今天有位老朋友给我打电话："哥们儿，我终于也有了自己的博客了，哈哈！现在你有时间吗？有空的时候帮我设计一个博客导航条呗，求求你了，我想让我的博客与众不同，让人过目不忘。我知道你肯定做的超级棒，拜托了哈。"因为是多年要好的老朋友，我实在不好意思拒绝，就答应下来了。

首先上网查阅了一些博客导航的样式，然后根据自己的构思开始了具体的设计和制作。

## 任务分析

- 构思创意。
- 搜集和制作所用素材。
- 调整布局和制作动画。
- 测试动画并修改，完成制作。

## 流程设计

在制作时，我们首先使用Photoshop软件处理所用的素材，将其转换为能记录透明的png格式，然后调整素材的整体布局并设置动画。最后测试动画并适当调整动画的细节，从而完成整幅作品的制作。

实例流程设计图5

## 任务实现

**step 01** 执行"文件">"新建"命令，新建一个Flash文档。单击"属性"面板上的"尺寸大小"按钮 550 x 400 像素，在弹出的"文档属性"对话框设置"尺寸"为820px×343px，"帧频"设置为70，其他设置如图3-1所示。

**step 02** 执行"插入">"新建元件"命令，弹出"创建新元件"对话框，设置元件"名称"为"反应区"，元件"类型"为"影片剪辑"[1]，如图3-2所示。

**step 03** 单击"矩形"工具，设置"笔触颜色"为"无"，"填充色"为"#FFFFFF"，"Alpha"值为"0%"，在场景中绘制一个140px×200px的矩形，如图3-3所示。

图3-1　"文档属性"对话框

图3-2　新建元件

图3-3　图形效果

**step 04** 执行"插入">"新建元件"命令，弹出"创建新元件"对话框，设置元件"名称"为"菜单动画1"，元件"类型"为"影片剪辑"，如图3-4所示。

**step 05** 单击"时间轴"面板上"图层1"第1帧位置，执行"文件">"导入">"导入到舞台"命令，将图片"源文件与素材\实例5\素材\images7.png"导入到场景中，并调整位置，如图3-5所示。

图3-4　新建元件

图3-5　导入图片

**step 06** 选中帧上的元件，执行"修改">"转换为元件"命令，设置"类型"为"图形"，设置"名称"为"图片1"，如图3-6所示。效果如图3-7所示。

---

[1] "影片剪辑"元件：该类型的元件是用来制作可重复使用的、独立于主影片时间轴的动画片段。影片剪辑可以包括交互性控制、声音甚至其他影片剪辑的实例，也可以把影片剪辑的实例放在按钮的时间轴中，从而实现动态按钮。有时为了实现交互性，单独的图像也要制作成影片剪辑。

图3-6 转换元件 图3-7 图形效果

**step 07** 单击"图层1"第25帧位置，按【F5】键插入帧[2]，单击"图层1"第20帧位置，按【F6】键插入关键帧，单击"图层1"第10帧位置，按【F6】键插入关键帧[3]，时间轴效果如图3-8所示。

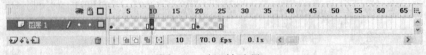

图3-8 时间轴效果

**step 08** 单击"图层1"第10帧位置，单击"选择"工具，调整场景中元件的位置，如图3-9所示。

**step 09** 分别单击"图层1"第1帧和第10帧位置，依次设置"属性"面板上"补间类型"为"动画"，时间轴效果如图3-10所示。

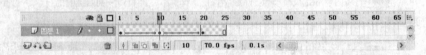

图3-9 图形效果 图3-10 时间轴效果

**step 10** 单击"时间轴"面板上的"插入图层"按钮，新建"图层2"。单击"图层2"第1帧位置，将"反应区"元件拖入场景中，如图3-11所示。

**step 11** 选中元件，设置"属性"面板上"实例名称"为"bg"，如图3-12所示。

图3-11 图形效果 图3-12 设置"属性"面板

---

[2]插入普通帧：单击选中要插入帧的位置，然后选择"插入">"时间轴">"帧"命令或按【F5】键。也可以在要插入帧的位置右击，从弹出的快捷菜单中选择"插入帧"选项。

[3]插入关键帧：单击选中要插入关键帧的位置，然后选择"插入">"时间轴">"关键帧"命令或按【F6】键。或者在要插入关键帧的位置右击，从弹出的快捷菜单中选择"插入关键帧"选项。

**step 12** 用同样的方法制作其他元件，效果如图3-13所示。

图3-13 图形效果

**step 13** 执行"插入">"新建元件"命令，弹出"创建新元件"对话框，设置元件"名称"为"文字1"，元件"类型"为"图形"，如图3-14所示。

**step 14** 单击"文本"工具，设置"属性"面板如图3-15所示。

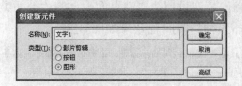

图3-14 新建元件

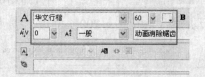

图3-15 设置"属性"面板

**step 15** 单击"文本"工具，在场景中输入文字，如图3-16所示。

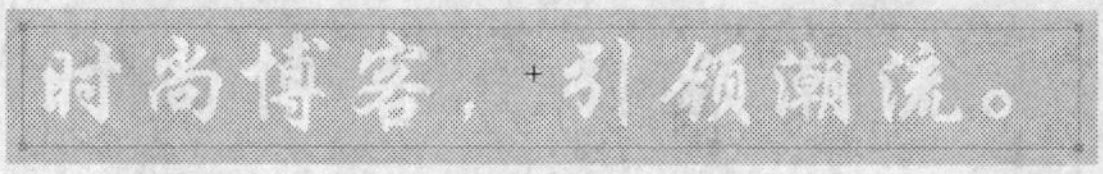

时尚博客，引领潮流。

图3-16 输入文字

**step 16** 执行"插入">"新建元件"命令，弹出"创建新元件"对话框，设置元件"名称"为"文字动画"，元件"类型"为"影片剪辑"，如图3-17所示。

**step 17** 单击"时间轴"面板上"图层1"第1帧位置，将"文字1"元件拖入场景中，如图3-18所示。

图3-17 新建元件

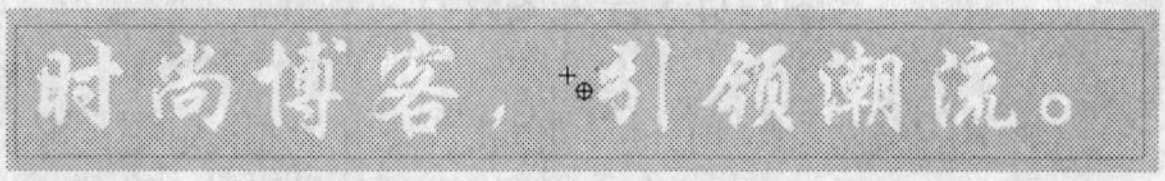

时尚博客，引领潮流。

图3-18 图形效果

**step 18** 分别单击"图层1"第30帧、第110帧和第140帧位置，依次按【F6】键插入关键帧，单击"图层1"第1帧位置，单击"选择"工具，调整场景中元件的位置，如图3-19所示。

**step 19** 单击"图层1"第140帧位置，单击"选择"工具，调整场景中元件的位置，如图3-20所示。

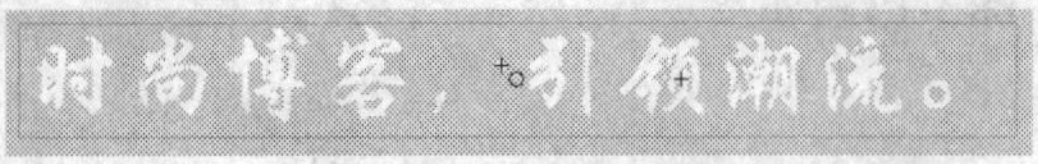

图3-19 图形效果

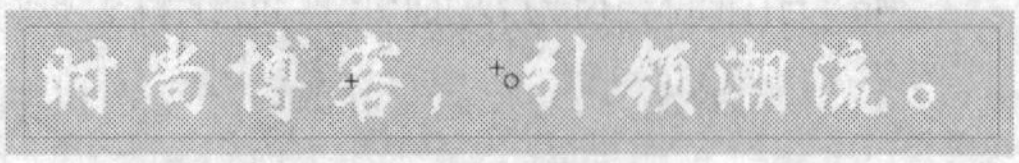

图3-20 图形效果

**step 20** 分别单击"图层1"第1帧和第80帧位置，选中元件，依次设置"属性"面板上"颜色"样式的"Alpha"值为"0%"，如图3-21所示。效果如图3-22所示。

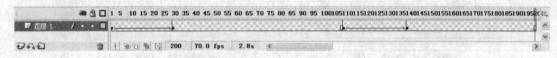

图3-21 设置"属性"面板 图3-22 图形效果

**step 21** 分别单击"图层1"第1帧和第50帧位置，依次设置"属性"面板上的"补间类型"为"动画"， 单击第200帧位置，按【F5】键插入帧，时间轴效果如图3-23所示。

图3-23 时间轴效果

**step 22** 单击"时间轴"面板上的"场景1"标签，返回主场景。单击"图层1"第1帧位置，执行"文件">"导入">"导入到舞台"命令，将图片"源文件与素材\实例5\素材\images1.png"导入到场景中，并调整位置，如图3-24所示。

**step 23** 单击"时间轴"面板上的"插入图层"按钮，新建"图层2"。单击"图层2"第1帧位置，将"文字动画"元件拖入场景中，如图3-25所示。

图3-24 导入图片

图3-25 图形效果

**step 24** 单击"时间轴"面板上的"插入图层"按钮，新建"图层3"。单击"图层3"第1帧位置，将"菜单动画3"元件拖入场景中，单击"任意变形"工具，调整场景中元件的角度及位置，如图3-26所示。

**step 25** 选中元件，设置"属性"面板上的"实例名称"为"3"，如图3-27所示。

**step 26** 单击"时间轴"面板上的"插入图层"按钮，新建"图层4"。单击"图层4"第1帧位置，将"菜单动画4"元件拖入场景中，单击"任意变形"工具，调整场景中元件的角度及位置，如图3-28所示。

**step 27** 选中元件，设置"属性"面板上的"实例名称"为"4"，如图3-29所示。

图3-26  图形效果

图3-27  设置"属性"面板

图3-28  图形效果

图3-29  设置"属性"面板

**step 28** 单击"时间轴"面板上的"插入图层"按钮,新建"图层5"。单击"图层5"第1帧位置,将"菜单动画5"元件拖入场景中,单击"任意变形"工具,调整场景中元件的角度及位置,如图3-30所示。

**step 29** 选中元件,设置"属性"面板上的"实例名称"为"5",如图3-31所示。

图3-30  图形效果

图3-31  设置"属性"面板

**step 30** 单击"时间轴"面板上的"插入图层"按钮,新建"图层6"。单击"图层6"第1帧位置,将"菜单动画6"元件拖入场景中,单击"任意变形"工具,调整场景中元件的角度及位置,如图3-32所示。

**step 31** 选中元件,设置"属性"面板上的"实例名称"为"6",如图3-33所示。

图3-32  图形效果

图3-33  设置"属性"面板

**step32** 单击"时间轴"面板上的"插入图层"按钮，新建"图层7"。单击"图层7"第1帧位置，将"菜单动画1"元件拖入场景中，单击"任意变形"工具，调整场景中元件的角度及位置，如图3-34所示。

**step33** 选中元件，设置"属性"面板上的"实例名称"为"1"，如图3-35所示。

图3-34　图形效果　　　　　　　　　　　　　　　图3-35　设置"属性"面板

**step34** 单击"时间轴"面板上的"插入图层"按钮，新建"图层8"。单击"图层8"第1帧位置，将"菜单动画2"元件拖入场景中，单击"任意变形"工具，调整场景中元件的角度及位置，如图3-36所示。

**step35** 选中元件，设置"属性"面板上的"实例名称"为"2"，如图3-37所示。

图3-36　图形效果　　　　　　　　　　　　　　　图3-37　设置"属性"面板

**step36** 单击"时间轴"面板上的"插入图层"按钮，新建"图层9"。单击"图层9"第1帧位置，执行"窗口">"动作"命令，打开"动作-帧"面板，输入以下语句：

```
_global.center = 10;
numOfMenu = 6;
_global.active = PageNum;
_global.subActive = subNum;
_global.over = active;
for (i = 1; i <= numOfMenu; i++)
{
    this[i].gotoAndStop(center);
    this[i].bg.onRollOver = function ()
    {
        _global.over = this._parent._name;
    };
    this[i].bg.onRollOut = this[i].bg.onDragOut = function ()
    {
        _global.over = active;
    };
    this[i].onEnterFrame = function ()
```

```
            {
                if (over)
                {
                    if (over == this._name)
                    {
                        this.swapDepths(1);
                        this.direction = "next";
                        this.nextFrame();
                    }
                    else
                    {
                        this.direction = "prev";
                        this.prevFrame();
                    } // end else if
                }
                else if (this._currentframe != center)
                {
                    if (this._currentframe < center)
                    {
                        this.nextFrame();
                    }
                    else
                    {
                        this.prevFrame();
                    } // end else if
                } // end else if
            };
        } // end of for
        this.onEnterFrame = function ()
        {
            if (over)
            {
                subBg.nextFrame();
            }
            else
            {
                subBg.prevFrame();
            } // end else if
        };
```

step 37 执行"文件" > "保存"命令，保存文件，按【Ctrl + Enter】键测试动画，效果如图3-38所示。

图3-38　测试动画效果

## 设计说明

博客导航，应反应出博客的独特性，内容不用过于复杂，能够将博客的信息展现出来即可。

色彩的应用：

导航的色彩应该与网站页面色彩形成较为鲜明的对比，但不要过于出众而无法与页面相和谐。

格局的应用：

博客导航的格局，最重要的就是打破网站导航的格局形式，做到不规则效果，但应在"乱中有序"的范围内，使浏览者在浏览时不会有眼花的感觉。

脚本语言的应用：

在导航上要实现完美的动画效果，脚本语言是不可缺少的，使用脚本语言来控制鼠标经过时的动画效果，这样能达到独特和新颖的目的。

## 知识点总结

本例主要运用了"文本"工具以及导入png图片的方法。

### 1. "文本"工具

要创建文本，可先选中工具箱中的"文本"工具，然后利用"属性"面板设置要创建的文本类型与字体、颜色、字型等相关属性。在Flash中，可以创建以下3种类型的文本。

· 静态文本：通常情况下，创建的文本都是静态文本，文本内容在整个影片中不会发生变化。

· 动态文本：在影片中内容需要变动的文本可设置为动态文本，例如计算器中的数字。

· 输入文本：定义为输入表单的文本可以作为表单的输入项。

在Flash中创建文本时，可以将文本放在单独的一行中（即宽度不固定的单行文本），这时该行会随着用户键入的文本扩展；也可以将文本放在定宽文本块（适用于水平文本）或定高文本块（适用于垂直文本）中，文本块会自动扩展并自动换行。Flash会在文本框的一角上显示一个控制柄以标识该文本块的类型。

要创建宽度可变的静态水平文本，可选择"文本"工具Ａ，并在"属性"面板中设置好文本类型后，直接在舞台上单击并在显示的输入文本框中输入文本，文本框会随着文字的输入自动扩展，此时该文本框的右上角会出现一个圆形手柄，如图3-39所示。

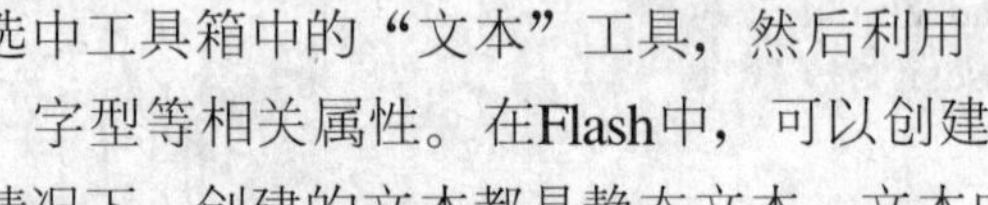

图3-39　创建宽度可变的静态水平文本

要创建宽度固定的静态水平文本，可使用"文本"工具Ａ在舞台上单击并拖动，拉出一个限定宽度的文本框，当输入的文本超过限定宽度时，将自动换行，这时该文本块框的右上角会出现一个方形手柄，如图3-40所示。

若创建的是方向为从右到左且宽度可变或固定高度的静态垂直文本，将在该文本块的左下角出现一个圆形或方形手柄；若创建的是方向为从左到右且宽度可变或固定高度的静态垂直文本，将在该文本块的右下角出现一个圆形或方形手柄。

如果在"属性"面板中将文本类型设置为动态文本或输入文本，则无论是在舞台中直接单击，还是单击并拖动，都将创建宽度固定的文本块，这时该文本框的右下角出现一个方形手柄，如图3-41所示。如果希望创建宽度可变的动态文本或输入文本，可在创建宽度可变的静态文本后，利用"属性"面板将文本类型修改为动态文本或输入文本。

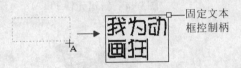

图3-40 创建宽度固定的静态水平文本

图3-41 创建宽度固定的文本块

### 2. 导入png图片

png格式有支持透明的强大功能，在Flash中制作动画时经常会用到png格式的透明图片，将图片导入场景时为透明的状态，可以搭配很多的背景进行应用，非常方便。

## 拓展训练

本例我们来制作一个轻松休闲的个人主页导航，最终效果如图3-42所示。本例的特点主要是通过风筝按钮来体现，本例中使用了Flash的基本动画类型制作各种元件，并且通过遮罩动画制作按钮上文字的过光效果，最后通过ActionScript将这些动画组合到一起。

图3-42 实例最终效果

step 01 启动Flash程序，新建一个Flash文档，在"属性"面板中单击"尺寸大小"按钮 550 x 400 像素 ，在弹出的"文档属性"对话框中设置文档标题和尺寸，如图3-43所示。选择"插入">"新建元件"菜单命令，弹出"创建新元件"对话框，在其中设置元件的"名称"和"类型"，如图3-44所示。

step 02 选择"文件">"导入">"导入到舞台"菜单命令，将"源文件与素材\实例5\素材\风筝01.png"图片导入到舞台中，如图3-45所示。按【F8】键将其转换为图形元件，新建"图层 2"，使用"文本"工具在元件的旁边输入文字，如图3-46所示。

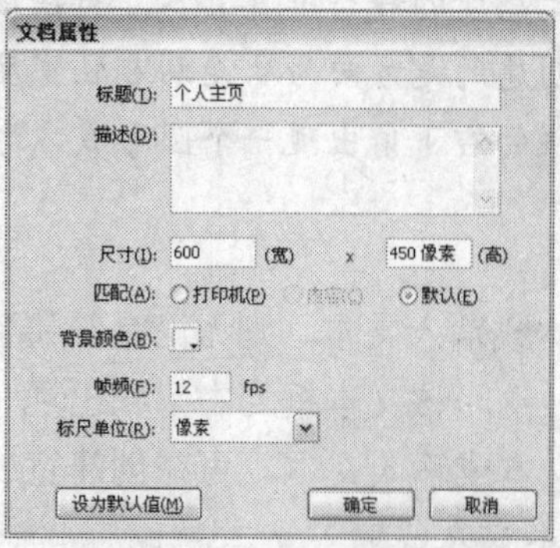

图3-43　"文档属性"对话框

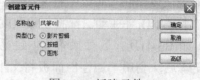

图3-44　新建元件

图3-45　打开的素材图片

图3-46　输入的文字

**step 03** 分别在"图层 1"和"图层 2"的第30帧和第55帧处插入关键帧，调整元件和文字的大小和位置如图3-47和图3-48所示。

图3-47　第30帧处元件的大小和位置

图3-48　第55帧处元件的大小和位置

**step 04** 在第80帧处插入关键帧，复制第1帧，将其粘贴到第80帧处，结果如图3-49所示，完成后在各个关键帧之间创建补间动画。然后选择"插入"＞"新建元件"菜单命令，弹出"创建新元件"对话框，在其中设置元件的"名称"和"类型"，如图3-50所示。

图3-49　第80帧处元件的大小和位置

图3-50　新建元件

**step 05** 选择"文件"＞"导入"＞"导入到舞台"菜单命令，将"源文件与素材\实例5\素材\风筝01（新）.png"图片导入到舞台中，如图3-51所示。新建"图层 2"，使用"文本"工具在元件的旁边输入文字，如图3-52所示。

step 06 进入场景编辑模式，将前面制作的"风筝01"拖入到场景中，双击鼠标左键进入元件编辑状态，新建"图层3"，在第81帧处插入关键帧，将前面制作好的"风筝按钮01"拖入到其中，如图3-53所示，然后在第86帧处插入关键帧，并将其进行适当的放大，如图3-54所示，完成后在两个关键帧之间创建补间动画。

图3-51 导入的图片

图3-52 输入的文字

图3-53 第81帧处元件的大小

图3-54 第86帧处元件的大小

step 07 新建"图层4"将其更名为"as"，在第80帧处插入关键帧，选择"窗口">"动作"菜单命令，在打开的"动作-帧"面板中输入如下代码：

gotoAndPlay(1);

此时的"动作-帧"面板如图3-55所示。

step 08 在第86帧处插入关键帧，在打开的"动作-帧"对话框中输入如下代码：

stop();

此时的"动作-帧"面板如图3-56所示。至此，第1个风筝按钮就制作完成了。

图3-55 输入的代码

图3-56 输入的代码

step 08 使用同样的方法，制作出其他的按钮，它们的具体效果如图3-57所示。

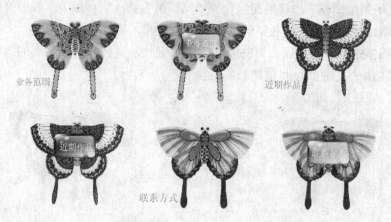

图3-57 其他按钮的形状

**step 10** 进入场景编辑模式，选择"文件">"导入">"导入到舞台"菜单命令，将"源文件与素材\实例5\素材\背景.jpg"图片导入到舞台中，如图3-58所示。新建"图层2"将其更名为"as"，选择"窗口">"动作"菜单命令，在打开的"动作-帧"面板中输入如下代码：

```
var scale:Number=.5;
var f1:F1,f2:F2,f3:F3,f4:F4;
var temp:Sprite=new Sprite();
addChild(temp);
temp.x=91.5;
temp.y=57.2;
f1=new F1();
f1.buttonMode=true;
f1.x=91.5;
f1.y=57.2;
f1.scaleX=f1.scaleY=scale;
f1.addEventListener(MouseEvent.ROLL_OVER,over);
addChild(f1);

f2=new F2();
f2.buttonMode=true;
f2.x=270;
f2.y=88;
f2.scaleX=f2.scaleY=scale;
f2.addEventListener(MouseEvent.ROLL_OVER,over);
addChild(f2);

f3=new F3();
f3.buttonMode=true;
f3.x=295;
f3.y=200;
f3.scaleX=f3.scaleY=scale;
f3.addEventListener(MouseEvent.ROLL_OVER,over);
addChild(f3);

f4=new F4();
f4.buttonMode=true;
f4.x=100;
f4.y=160;
```

```
f4.scaleX=f4.scaleY=scale;
f4.addEventListener(MouseEvent.ROLL_OVER,over);
addChild(f4);

function over(e:MouseEvent):void
{
    e.currentTarget.gotoAndPlay("btn");
    e.currentTarget.removeEventListener(MouseEvent.ROLL_OVER,over);
    e.currentTarget.addEventListener(MouseEvent.ROLL_OUT,out);
}
function out(e:MouseEvent):void
{
    e.currentTarget.gotoAndPlay(1);
    e.currentTarget.addEventListener(MouseEvent.ROLL_OVER,over);
    e.currentTarget.removeEventListener(MouseEvent.ROLL_OUT,out);
}
```

此时的"动作-帧"面板如图3-59所示。

图3-58　导入的背景

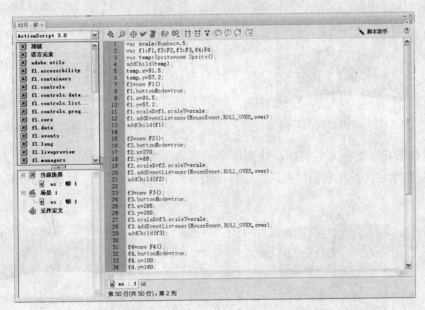

图3-59　输入的代码

**step 11** 此时，可以测试动画观看动画效果。然后我们再来为页面添加一些细节，使其看起来更加丰富。选择"插入"＞"新建元件"菜单命令，弹出"创建新元件"对话框，在其中设置元件的"名称"为"牌匾01"、"类型"为"影片剪辑"。选择"文件"＞"导入"＞"导入到舞台"菜单命令，将"源文件与素材\实例5\素材\牌匾01.png"图片导入到舞台中。新建"图层 2"，使用"文本"工具 **T** 在元件的旁边输入文字，如图3-60所示。然后将文字的颜色修改为深棕色（#D56128），如图3-61所示。

图3-60　输入的文字

图3-61　改变文字的颜色

**step 12** 新建"图层 3"，复制"图层 2"中的第1帧，将其粘贴到"图层 3"中的第1帧处。完成后选择"图层 2"中的第1帧，将文字选中，选择"窗口"＞"属性"＞"滤镜"菜单命令，打开"滤镜"面板，单击❀按钮，选择"模糊"和"投影"滤镜，在"模糊"滤镜设置面板中进行如图3-62所示的设置，然后在"投影"滤镜设置面板中进行如图3-63所示的设置。

图3-62　"模糊"滤镜设置

图3-63　"投影"滤镜设置

**step 13** 添加滤镜后的文字效果如图3-64所示。新建"图层 4"，在其中绘制两个矩形，为矩形添加白色到透明的渐变效果，并将它们进行适当的倾斜，结果如图3-65所示。

图3-64　添加滤镜后的效果

图3-65　制作出的渐变效果

**step 14** 在第40帧处插入关键帧，将图形移动到如图3-66所示的位置。新建"图层 5"，将文字进行复制粘贴，并将它们打散，然后将该图层转换为遮罩层，这样就制作出了遮罩动画，如图3-67所示。

图3-66　调整图形的位置

图3-67　制作出的遮罩动画

**step 15** 使用同样的方法继续制作出另一个牌匾的动画，如图3-68所示。然后再使用前面所讲的制作引导动画的方法，制作出蝴蝶飞舞的动画，如图3-69所示。

图3-68 制作出的牌匾动画2 图3-69 制作出的蝴蝶引导动画

**step 18** 进入到场景编辑模式，将制作好的元件置入到场景中，适当调整它们的大小和位置，结果如图3-70所示。至此，整个实例就制作完成了，动画测试效果如图3-71所示。

图3-70 将元件置入到场景中 图3-71 动画测试效果

## 职业快餐

### 1. 网站导航设计的原则

创意原则：标新立异、和谐统一、震撼心灵，打破原始的矩形、圆角矩形等轮廓形状。

色彩原则：网站导航制作中的色彩要与网站页面相统一，色调感觉与网站色调一致，但最好不要使有同色系颜色，可采有互补色，这样才可以更加空出主题，达到醒目的作用。

动画原则：动画制作中，不必采用过于复杂的动画类型，关键是使用反应区实现判定鼠标经过时反应区所控制的影片剪辑的效果，达到导航的作用。

脚本原则：动画制作中，使用的脚本语言较为复杂，主要运用了控制鼠标经过的语句。

### 2. 网站导航设计的分类

网站菜单导航：网站菜单导航的基本作用是让用户在浏览网站过程中能够准确到达想要去的位置，并且可以方便地回到网站首页以及其他相关内容的页面，如图3-72所示。

图3-72 网站菜单导航

网站地图导航：网站地图导航的基本作用是让浏览者可以对网站整体框架有一个快速的了解，并且可以通过网站地图中各个栏目的链接直接进入相应的栏目，一个设置规范的网站地图还有另外一项重要作用，就是为搜索引擎检索网站内容提供方便，增加网站在搜索引擎中的排名优势，如图3-73所示。

图3-73　网站地图导航

### 3. 网站导航设计的表现形式

网站菜单导航表现为网站的栏目菜单设置、辅助菜单、其他在线帮助等形式，而网站地图导航表现为一个表明了栏目结构并且设置了相应链接的网页。网站菜单导航设置是在网站栏目结构的基础上，进一步为用户浏览网站提供的提示系统，由于各个网站设计并没有统一的标准，不仅菜单设置各不相同，打开网页的方式也有区别，有些是在同一窗口打开新网页，有些则新打开一个浏览器窗口。

## 实例6

## 旅游网站导航条

素材路径：源文件与素材\
实例6\素材
源文件路径：源文件与素材\
实例6\旅游网站导航条.fla

实例效果图6

## 情景再现

今天一早老总把我叫到办公室说："XX，今天业务员小王接到一个单子，要求设计一个韩国风格的旅游网站导航条，反应的主题是时尚、时尚。我看这个任务就非你莫属了，因为咱们公司你对韩国的设计风格最了解！"

　　回到自己的办公室，我就开始查找韩国的相关设计资料，开始根据自己的构思进行具体的创作。

## 任务分析

- 根据创意绘制相关素材。
- 为素材图像创建动画。
- 将制作好的各个动画组合到处理好的背景图像中。
- 调整作品的整体布局，测试动画，完成制作。

## 流程设计

　　在制作时，我们首先利用"直线"工具绘制出插画人物的草图，其次参照草图用"钢笔"工具精心刻画细节，并转换为选区填充基本色，然后再绘制出五官以及阴影和高光，最后根据创意添加相应的文字图像，保存文件，完成插画的绘制。

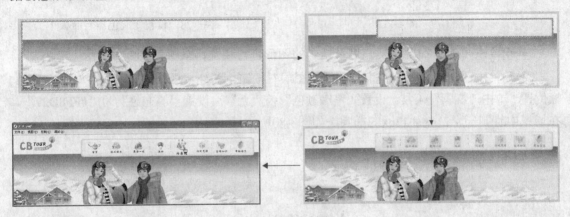

实例流程设计图6

## 任务实现

　　**step 01** 执行"文件">"新建"命令，新建一个Flash文档。单击"属性"面板上的"尺寸大小"按钮 550 x 400 像素 ，在弹出的"文档属性"对话框设置"尺寸"为1000px×280px，"帧频"设置为40，其他设置如图3-74所示。

　　**step 02** 执行"插入">"新建元件"命令，弹出"创建新元件"对话框，设置元件"名称"为"菜单按钮2"，元件"类型"为"图形"，如图3-75所示。单击"椭圆"工具，设置"笔触颜色"为"无"，在场景中绘制一个33px×18px的椭圆，如图3-76所示。

图3-74　"文档属性"对话框

　　**step 03** 单击"选择"工具，调整场景中图形的形状，如图3-77所示，

　　**step 04** 执行"窗口">"混色器"命令，打开"混色器"面板，设置混色器如图3-78所示。

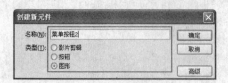

图3-75 新建元件

图3-76 图形效果

图3-77 图形效果

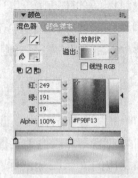

图3-78 设置"混色器"面板

**step 05** 单击"油漆桶"工具，对场景中的图形进行填充，效果如图3-79所示。

**step 06** 单击"时间轴"面板上的"插入图层"按钮，新建"图层2"。单击"图层2"第1帧位置，单击"椭圆"工具，设置"笔触颜色"为"无"，设置"填充色"为"#FF8D27"，在场景中绘制一个21px×13px的椭圆，如图3-80所示。

图3-79 图形效果

图3-80 图形效果

**step 07** 单击"时间轴"面板上的"插入图层"，新建"图层3"。单击"图层3"第1帧位置，单击"钢笔"工具，设置"笔触颜色"为"无"，在场景中绘制如图3-81所示图形。

**step 08** 执行"窗口">"混色器"命令，打开"混色器"面板，设置混色器如图3-82所示。

图3-81 图形效果

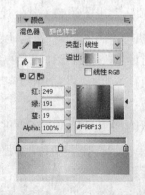

图3-82 设置"混色器"面板

**step 09** 单击"油漆桶"工具，对场景中的图形进行填充，效果如图3-83所示，

**step 10** 单击"时间轴"面板上的"插入图层"，新建"图层4"。单击"图层4"第1帧位置，单击"钢笔"工具，设置"笔触颜色"为"无"，设置"填充色"为"FFE42A"，在场景中绘制如图3-84所示图形。

图3-83　图形效果

图3-84　图形效果

**step 11** 单击"时间轴"面板上的"插入图层"，新建"图层5"。单击"图层5"第1帧位置，单击"椭圆"工具，设置"笔触颜色"为"无"，设置"填充色"为"#FF8D27"，在场景中绘制一个18px×13px的椭圆，如图3-85所示。

**step 12** 单击"时间轴"面板上的"插入图层"，新建"图层6"。单击"图层6"第1帧位置，单击"钢笔"工具，设置"笔触颜色"为"无"，设置"填充色"为"FF1954"，在场景中绘制如图所示3-86图形。

图3-85　图形效果

图3-86　图形效果

**step 13** 单击"时间轴"面板上的"插入图层"，新建"图层7"。单击"图层7"第1帧位置，单击"钢笔"工具，设置"笔触颜色"为"无"，设置"填充色"为"FF1954"，在场景中绘制如图3-87所示图形。

**step 14** 单击"时间轴"面板上的"插入图层"，新建"图层8"。单击"图层8"第1帧位置，单击"钢笔"工具，设置"笔触颜色"为"无"，设置"填充色"为"FF1954"，在场景中绘制如图3-88所示图形。

图3-87　图形效果

图3-88　图形效果

**step 15** 单击"时间轴"面板上的"插入图层"，新建"图层9"。单击"图层9"第1帧位置，单击"钢笔"工具，设置"笔触颜色"为"无"，设置"填充色"为"FFA726"，在场景中绘制如图3-89所示图形。

**step 16** 单击"时间轴"面板上的"插入图层"，新建"图层10"。单击"图层10"第1帧位置，单击"钢笔"工具，设置"笔触颜色"为"无"，设置"填充色"为"FF5ADE"，

在场景中绘制如图3-90所示图形。

图3-89　图形效果　　　　　　　　　　　图3-90　图形效果

**step 17** 用同样的方法制作其他的元件，效果如图3-91所示。

图3-91　元件效果

**step 18** 执行"插入"＞"新建元件"命令，弹出"创建新元件"对话框，设置元件"名称"为"星星元件"，元件"类型"为"图形"，如图3-92所示。

**step 19** 单击"钢笔"工具，设置"笔触颜色"为"无"，设置"填充色"为"FFA726"，在场景中绘制如图3-93所示图形。

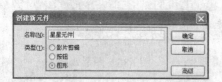

图3-92　新建元件　　　　　　　　　　　图3-93　图形效果

**step 20** 执行"插入"＞"新建元件"命令，弹出"创建新元件"对话框，设置元件"名称"为"星星动画"，元件"类型"为"影片剪辑"，如图3-94所示。

**step 21** 单击"图层1"第1帧位置，将"星星元件"元件拖入场景中，如图3-95所示。

图3-94　新建元件　　　　　　　　　　　图3-95　元件效果

**step 22** 单击"图层1"第17帧位置，按【F6】键插入关键帧，单击"图层1"第10帧位置，按【F6】键插入关键帧，选中帧上的元件，设置"属性"面板的"颜色"样式的"色调"为"#FF0099"，效果如图3-96所示。

**step 23** 选中元件，单击"任意变形"工具，调整元件的大小及位置，如图3-97所示。

**step 24** 用同样的方法制作其他元件，效果如图3-98所示。

図3-96　图形效果　　　　　　　　　　　　図3-97　图形效果

図3-98　元件效果

**step 25** 执行"插入">"新建元件"命令，弹出"创建新元件"对话框，设置元件"名称"为"文字2"，元件"类型"为"图形"，如图3-99所示。

**step 26** 单击"文本"工具，设置"属性"面板如图3-100所示。

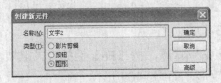　　　　　　　　

图3-99　新建元件　　　　　　　　　　　　　図3-100　设置"属性"面板

**step 27** 在场景中输入文字，如图3-101所示。

**step 28** 用同样的方法制作其他的元件，效果如图3-102所示。

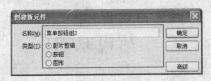

图3-101　输入文字　　　　　　　　　　　　　　図3-102　文字元件

**step 29** 执行"插入">"新建元件"命令，弹出"创建新元件"对话框，设置元件"名称"为"菜单按钮组2"，元件"类型"为"影片剪辑"，如图3-103所示。

**step 30** 单击"时间轴"面板上"图层1"第1帧位置，将"菜单按钮2"元件拖入场景中，如图3-104所示。

图3-103　新建元件　　　　　　　　　　　　　　　図3-104　元件效果

**step 31** 单击"时间轴"面板上的"插入图层"按钮，新建"图层2"。单击"图层2"第1帧位置，将"文字2"元件拖入场景中，如图3-105所示。时间轴效果如图3-106所示。

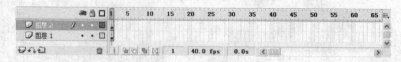

图3-105　元件效果　　　　　　　　　　　　　　图3-106　时间轴效果

**step 32** 用同样的方法制作其他元件，效果如图3-107所示。

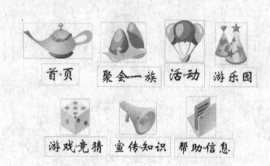

图3-107　元件效果

**step 33** 执行"插入">"新建元件"命令，弹出"创建新元件"对话框，设置元件"名称"为"反应区"，元件"类型"为"按钮"，如图3-108所示。

**step 34** 单击"时间轴"面板上"图层1"中"点击"状态，按【F6】键插入关键帧。单击"矩形"工具，在场景中绘制一个25px×19px的矩形，如图3-109所示。

图3-108　新建元件　　　　　　　　　　　　　图3-109　图形效果

**step 35** 执行"插入">"新建元件"命令，弹出"创建新元件"对话框，设置元件"名称"为"菜单动画2"，元件"类型"为"影片剪辑"，如图3-110所示。

**step 36** 单击"时间轴"面板上的"图层1"第1帧位置，将"菜单按钮组2"元件拖入场景中，如图3-111所示。设置"属性"面板上"实例名称"为"n2"。

图3-110　新建元件　　　　　　　　　　　　　图3-111　元件效果

**step 37** 选中元件，执行"窗口">"动作"命令，打开"动作-帧"面板，输入如下语句：

```
onClipEvent (load)
{
    drag = 2.000000E-001;
    flex = 7.000000E-001;
    FGscale = 100;
    step = 0;
}
onClipEvent (enterFrame)
{
    step = step * flex + (FGscale - _xscale) * drag;
    setProperty("", _yscale, _yscale + step);
    setProperty("", _xscale, _yscale + step);
}
```

**step 38** 单击"图层1"第15帧位置，按【F5】键插入帧。单击"时间轴"面板上的"插入图层"按钮，新建"图层2"。单击"图层2"第10帧位置，按【F6】键插入关键帧，将"星星动画"元件拖入场景中，如图3-112所示。时间轴效果如图3-113所示。

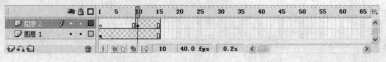

图3-112　元件效果　　　　　　　　　　　　图3-113　时间轴效果

**step 39** 单击"时间轴"面板上的"插入图层"按钮，新建"图层3"。单击"图层3"第1帧位置，将"反应区"元件拖入场景中，单击"任意变形"工具，调整场景中元件的位置及大小，如图3-114所示。设置"属性"面板上"实例名称"为"n2"。

**step 40** 选中元件，执行"窗口">"动作"命令，打开"动作-帧"面板[4]，输入如下语句：

```
on (rollOver)
{
    _root.FGcolorOver(1);
    n2.FGscale = 130;
    gotoAndStop(11);
}
on (rollOut)
{
    _root.FGcolorOut(1);
    n2.FGscale = 100;
    gotoAndPlay(12);
}
```

休闲娱乐

---

[4]"动作-帧"面板：在Flash文档中编写动作脚本代码时，可以将代码附加到帧和对象上。此外，为了便于管理脚本，最好创建一个名为"动作"的层并将代码放置于该层上。其中，要在Flash文档中创建脚本，可使用"动作-帧"面板。要创建外部脚本，可使用任意文本编辑器，如Windows的"记事本"程序。在Flash Professional中，还可以使用"脚本"窗口创建外部脚本。

**step 41** 单击"图层3"第11帧位置，按【F6】键插入关键帧，时间轴效果如图3-115所示。

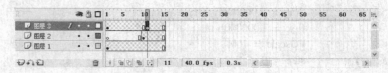

图3-114　元件效果　　　　　　　　　　　　　图3-115　时间轴效果

**step 42** 单击"时间轴"面板上的"插入图层"按钮，新建"图层4"。分别单击"图层4"第10帧和第11帧位置，依次按【F6】键插入关键帧，分别单击"图层4"第1帧、第10帧和第11帧位置，依次执行"窗口">"动作"命令，打开"动作-帧"面板，输入"stop();"语句。

**step 43** 用同样的方法制作其他元件，效果如图3-116所示。

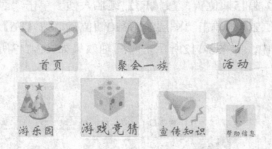

图3-116　元件效果

**step 44** 单击"时间轴"面板上的"场景1"标签，返回主场景。单击"图层1"第1帧位置，执行"文件">"导入">"导入到舞台"命令，将"源文件与素材\实例6\素材\image1.png"导入场景中，如图3-117所示。

**step 45** 单击"时间轴"面板上的"插入图层"按钮，新建"图层2"。单击"图层2"第1帧位置，执行"文件">"导入">"导入到舞台"命令，将"源文件与素材\实例6\素材\image2.png"导入场景中，如图3-118所示。

图3-117　导入图片　　　　　　　　　　　　　图3-118　导入图片

**step 46** 单击"时间轴"面板上的"插入图层"按钮，新建"图层3"。单击"图层3"第1帧位置，执行"文件">"导入">"导入到舞台"命令，将"源文件与素材\实例6\素材\image3.png"导入场景中，如图3-119所示。

**step 47** 单击"时间轴"面板上的"插入图层"按钮，新建"图层4"。单击"图层4"第1帧位置，将"菜单动画1"至"菜单动画8"元件拖入场景中，如图3-120所示。

**step 48** 执行"文件">"保存"命令，保存文件，按【Ctrl＋Enter】键，测试动画，效果如图3-121所示。

图3-119　导入图片

图3-120　导入元件效果

图3-121　测试动画效果

## 设计说明

　　旅游网站导航应突出景点的特色，虽然是以卡通的形式将风景展现在画面中，但是同样可以达到身临其境的效果。

　　色彩的应用：

　　旅游网站导航的色彩多以冷色调为主，如叶绿色、天蓝色、碧绿色等。这样才能够给浏览者带来身处大自然的效果，使浏览者对旅游更加感兴趣，更加向往到大自然中体会大自然带来的清爽感觉。

　　脚本语言的应用：

　　在导航上要实现完美的动画效果，脚本语言是不可缺少的，使用脚本语言来控制鼠标经过时的动画效果，但此类网站的导航鼠标经过效果，不需要过于复杂，过于复杂的导航会打破浏览者以简单为美的心情。

## 知识点总结

　　本例主要运用了"动作"面板。

### 1. 熟悉"动作"面板

　　动作脚本编辑器由两部分组成。右侧部分是"脚本"窗格，这是键入代码的区域。左侧部分是一个"动作"工具箱，每个动作脚本语言元素在该工具箱中都有一个对应的条目，如图3-122所示。

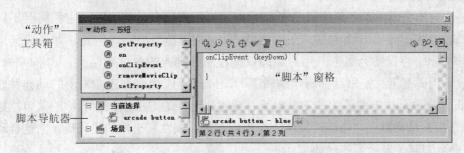

图3-122　动作脚本编辑器

在"动作"面板中，"动作"工具箱还包含一个脚本导航器，用户可以在这里浏览Flash文档以查找动作脚本代码。如果单击脚本导航器中的某一项目，则与该项目关联的脚本将出现在"脚本"窗格中，并且播放头将移到时间轴上的相应位置。

"脚本"窗格的上方还有若干按钮，如图3-123所示。用户可以直接在"脚本"窗格中编辑动作、输入动作参数或删除动作。还可以双击"动作"工具箱中的某一项或"脚本"窗格上方的"添加"（+）按钮，向"脚本"窗格添加动作。

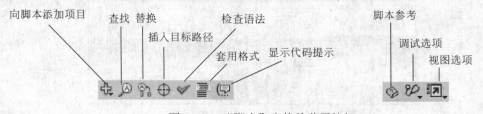

图3-123 "脚本"窗格的若干按钮

### 2. 固定脚本

如果双击脚本导航器中的某一项，则该项脚本被固定，其名称将出现在"脚本"窗格下方的选项卡中，以后用户可以通过单击选项卡来查看和编辑该项目的脚本。如果单击"固定活动脚本"按钮 ，则当前活动脚本被固定，此时该按钮将变为"关闭已固定的脚本"按钮 ，如图3-124所示。若要解除某项固定的脚本，可首先单击该脚本选项卡，然后单击"关闭已固定的脚本"按钮 。

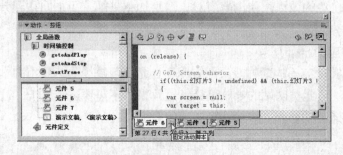

图3-124 固定脚本

### 3. 脚本编写方法与要点

使用"动作"面板编写脚本时的要点如下：

（1）要使用函数、语句或其他语言元素，可直接在"动作"工具箱中双击相应项目，或单击"脚本"窗格上方的"将新项目添加到脚本中"按钮 ，然后选择相应的项目。否则，可手工输入和编辑脚本。

（2）语法突出显示：为了便于进行语法检查，当用户输入关键字时，它们将以不同于普通文本的颜色显示。例如，如果键入var，则单词var将以蓝色显示。但是，如果错误地键入了vae，则单词vae将保持为黑色，用户立即就能注意到键入的单词有误。

（3）显示代码提示：使用动作脚本编辑器时，Flash可以检测到正在输入的动作并显示代码提示，即包含该动作完整语法的工具提示，或弹出可能的方法或属性名称的菜单，如图3-125所示。当用户精确键入或命名对象时，会出现参数、属性和事件的代码提示，这样动作脚本编辑器就会知道要显示哪些代码提示。

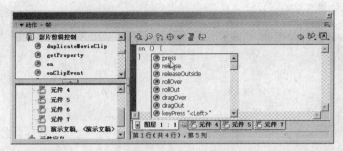

图3-125　显示代码提示

要显示代码提示，是有一定条件的，它主要包括如下几种情况：

①严格指定对象类型以触发代码提示。例如，假设键入以下代码：

　　　var names:Array = new Array();

则只要键入names，Flash 就会显示可用于Array对象的方法和属性的列表。

②使用特定后缀触发代码提示。命名对象时，通过为其增加一些特殊后缀，也可触发代码提示。例如，触发Array类的代码提示的后缀是_array，因此如果键入my_array，系统将显示Array对象的代码提示。

③ 将光标定位在特定位置，然后单击"脚本"窗格上方的"显示代码提示"按钮，也可显示代码提示。

（4）通过单击"脚本"窗格上方的"检查语法"按钮✔与"套用格式"按钮▤，可检查脚本语法和格式化脚本。

## 拓展训练

本例我们来制作一个极具个性的网站导航条，最终效果如图3-126所示。本例的特点主要是通过文字按钮与图形的巧妙转换来实现，本例首先通过Flash的基础知识制作出各段基础动画，然后通过ActionScript将这些动画和按钮组合起来。

图3-126　实例最终效果

**step 01** 启动Flash程序，新建一个Flash文档，在"属性"面板中单击"尺寸大小"按钮 `550×400像素`，在弹出的"文档属性"对话框中设置文档标题和尺寸，如图3-127所示。选择"插入" > "新建元件"菜单命令，弹出"创建新元件"对话框，设置元件"名称"为"波浪元件1"，元件"类型"为"图形"，单击"钢笔"工具，设置"笔触颜色"为"无"、"填充色"为土黄色（#EEE0CB）、Alpha值为30%，在场景中绘制如图3-128所示的图形。

**step 02** 使用同样的方法绘制其他的元件，如图3-129所示。选择"插入" > "新建元件"菜单命令，弹出"创建新元件"对话框，设置元件"名称"为"波浪动画1"，元件"类型"

为"影片剪辑",如图3-130所示。

图3-127 "文档属性"对话框

图3-128 绘制出的图形

图3-129 绘制出的其他波浪元件

图3-130 新建元件

**step 03** 在"时间轴"面板中选择第1帧,将"波浪元件1"拖入到场景中,选中元件,选择"修改">"分离"菜单命令将元件打散,效果如图3-131所示。在"图层1"中第28帧位置,按【F7】键插入空白关键帧,将"波浪元件2"拖入场景中,选中元件,执行"修改">"分离"菜单命令。在"图层1"的第62帧处按【F7】键插入空白关键帧,将"波浪元件3"拖入场景中,选中元件,选择"修改"|"分离"菜单命令,如图3-132所示。

图3-131 打散元件

图3-132 打散元件

图3-133 打散元件

**step 04** 在"图层1"的第92帧处按【F7】键插入空白关键帧,将"波浪元件1"拖入场景中,选中元件,选择"修改">"分离"菜单命令,效果如图3-133所示。分别选择"图层1"的第1帧、第28帧和第62帧,设置"属性"面板上"补间类型"为"形状",此时时间轴效果如图3-134所示。使用同样的方法制作其他的元件。

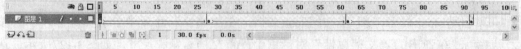

图3-134 时间轴效果

**step 05** 选择"插入">"新建元件"菜单命令,弹出"创建新元件"对话框,设置元件"名称"为"文字1",元件"类型"为"图形"。选择"文本"工具,在"属性"面板中进行如图3-135所示设置,在场景中输入如图3-136所示的文字。

**step 06** 选择"插入">"新建元件"菜单命令,弹出"创建新元件"对话框,设置元件"名称"为"反应区1"，元件"类型"为"影片剪辑"。单击"矩形"工具，设置"笔触颜色"为"无"，设置"填充色"的"Alpha"值为"0%"，然后在场景中绘制一个矩形，如图3-137所示。选择"插入"＞"新建元件"菜单命令，弹出"创建新元件"对话框，设置元件"名称"为"菜单动画1"，元件"类型"为"影片剪辑"。单击"图层1"第2帧位置，按【F6】键插入关键帧，将"波浪动画1"拖入场景中，如图3-138所示。

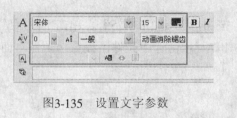

图3-135 设置文字参数　　　　　　　　　图3-136 输入的文字

图3-137 绘制出的矩形　　　　　　　　　图3-138 元件效果

**step 07** 在"图层1"的第16帧处插入关键帧，如图3-139所示，选择"任意变形"工具，调整场景中元件的中心点的位置，并调整场景中元件的大小，如图3-140所示。

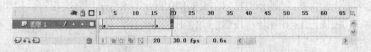

图3-139 时间轴效果

**step 08** 单击"图层2"第4帧位置，按【F6】键插入关键帧，将"波浪动画2"拖入场景中，如图3-141所示。单击"图层2"第18帧位置，按【F6】键插入关键帧，选择"任意变形"工具，调整场景中元件中心点的位置，并调整场景中元件的大小，如图3-142所示。

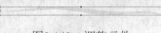

图3-140 调整元件

图3-141 图形效果　　　　　　　　　　　图3-142 图形效果

**step 09** 单击"图层2"第20帧位置，按【F5】键插入关键帧，单击"图层2"第4帧位置，设置"属性"面板上"补间类型"为"动画"。单击"图层3"第6帧位置，按【F6】键插入关键帧，将"波浪动画3"拖入场景中，如图3-143所示。单击"图层3"第20帧位置，按【F6】键插入关键帧，单击"任意变形"工具，调整场景中元件的中心点的位置，并调整场景中元件的大小，如图3-144所示。

图3-143 图形效果　　　　　　　　　　　图3-144 图形效果

**step 10** 单击"图层3"第20帧位置，按【F5】键插入关键帧，单击"图层3"第6帧位置，设置"属性"面板上"补间类型"为"动画"。时间轴效果如图3-145所示。单击"时间轴"面板上的"插入图层"按钮，新建"图层4"。单击"图层4"第20帧位置，打开"库"面板，

将"素材动画1"拖入场景中，如图3-146所示。

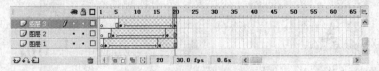

图3-145　时间轴效果　　　　　　　　　　　　图3-146　图形效果

**step 11** 单击"时间轴"面板上的"插入图层"按钮，新建"图层5"。单击"图层5"第1帧位置，将"反应区1"元件拖入场景中，如图3-147所示。选中元件，设置"属性"面板上的"实例名称"为"bg"，如图3-148所示。

图3-147　图形效果　　　　　　　　　　　图3-148　设置"属性"面板

**step 12** 单击"时间轴"面板上的"插入图层"按钮，新建"图层6"。单击"图层6"第1帧位置，将"文字1"元件拖入场景中，如图3-149所示。单击"图层6"第12帧位置，按【F6】键插入关键帧。单击"任意变形"工具，调整场景中元件的大小，如图3-150所示。

图3-149　图形效果　　　　　　　　　　图3-150　图形效果

**step 13** 单击"时间轴"面板上的"插入图层"按钮，新建"图层7"。单击"图层7"第5帧位置，按【F6】键插入关键帧，执行"窗口">"动作"菜单命令，在打开的"动作-帧"面板中输入如下代码：

```
subBg.useHandCursor = 0;
subBg.onRollOver = function ()
{
    _global.over = this._parent._name;
};
subBg.onRollOut = subBg.onDragOut = function ()
{
    _global.over = active;
};
sub.gotoAndStop(this._name);
```

此时的"动作-帧"面板如图3-151所示。

**step 14** 单击"图层7"第20帧位置，按【F6】键插入关键帧，在打开的"动作-帧"面板中输入如下代码：

```
if (this._name == active)
{
    this[subActive].nextFrame();
} // end if
```

此时的"动作-帧"面板如图3-152所示。

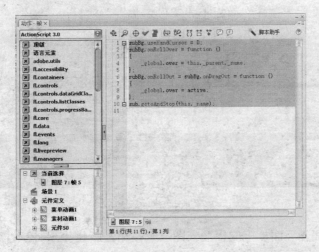

图3-151 输入的代码

图3-152 输入的代码

**step 5** 用同样的方法制作其他元件,效果如图3-153所示。

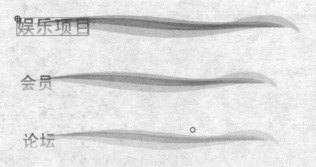

图3-153 元件效果

**step 6** 单击"时间轴"面板上的"场景1"标签,返回主场景。单击"图层1"第1帧位置,执行"文件">"导入">"导入到舞台"命令,将"源文件与素材\实例6\素材\背景.fla"图片导入到舞台中,如图3-154所示。单击"时间轴"面板上的"插入图层"按钮,新建"图层

2"，单击"图层2"第1帧位置，分别将"菜单动画1"至"菜单动画4"元件拖入场景中，如图3-155所示。分别设置"属性"面板上"实例名称"为"1"～"4"。

图3-154　导入的文件

图3-155　图形效果

**step 17**　单击"时间轴"面板上的"插入图层"按钮，新建"图层3"。单击"图层3"第1帧位置，执行"窗口">"动作"菜单命令，在打开的"动作-帧"面板中输入如下代码：

```
Stage.showMenu = false;
fscommand("allowscale", "false");
posi = new Array();
posi[0] = [0, 242, 484, 726];
posi[1] = [0, 475, 596, 726];
posi[2] = [0, 102, 593, 726];
posi[3] = [0, 102, 214, 726];
posi[4] = [0, 102, 214, 342];
_global.over = 0;
_global.active = Number(pageNum.charAt(0));
_global.subActive = Number(pageNum.charAt(1));
_global.over = active;
this[1].bg.onRelease = function ()
{
};
this[2].bg.onRelease = function ()
{
};
this[3].bg.onRelease = function ()
{
};
this[4].bg.onRelease = function ()
{
};
numOfMainBtn = 4;
for (i = 1; i <= numOfMainBtn; i++)
{
    this[i].bg.onRollOver = function ()
    {
        _global.over = this._parent._name;
    };
    this[i].bg.onRollOut = this[i].bg.onDragOut = function ()
    {
```

```
            _global.over = active;
        };
    this[i].onEnterFrame = function ()
    {
        this._x = this._x + (posi[over][this._name - 1] - this._x) / 10;
        if (this._name != numOfMainBtn)
        {
            this.bg._xscale = this._parent[Number(this._name) + 1]._x - this._x;
        }
        else
        {
            this.bg._xscale = 820 - this._x;
        } // end else if
        if (this._name == over)
        {
            this.nextFrame();
        }
        else
        {
            this.prevFrame();
        } // end else if
    };
} // end of for
```

此时的"动作-帧"面板如图3-156所示。

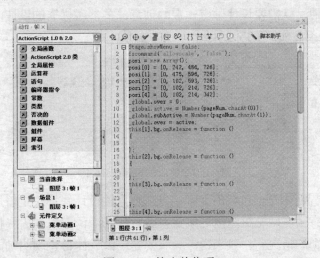

图3-156　输入的代码

step 18 至此，整个实例就制作完成了，动画的测试效果如图3-157所示。

图3-157　动画的测试效果

## 职业快餐

网站中导航系统是不可缺少的元素，表现形式一般分为：首页>一级栏目>二级栏目>三级栏目>内容页面。网站地图也是网站导航系统的一部分。为丰富页面的内容，增加页面的动态效果，现在的网站多数使用Flash制作网站的导航系统，这样既可以实现导航的作用，又达到了丰富页面内容的效果，如图3-158所示。

图3-158　简单的动画导航

在网页中，Flash动态导航条不应设计得太过复杂，我们应把其设计得更直观一些、让用户一下子就能看明白，这样才能收到好的效果。但这并不是说要给人以生硬、死板的感觉，为了能让用户感兴趣，就需要设计师有一定的创意，多参考优秀的设计，多思考才能够制作出精彩的Flash导航条，如图3-159所示。

图3-159　精彩的Flash导航条

导航条在网页界面中是很重要的元素。导航要素的设计好坏决定着用户是否能方便地使用该网站。虽然也有一些网站故意把导航要素隐藏起来，诱惑用户去寻找，从而让用户更感兴趣，但这是极个别的情况。一般来说，导航要素应该设计得直观明确，并最大限度地为用户方便考虑，我们应该尽可能地使网站中各个页面的切换更容易，查找信息更快捷、操作更简单，如图3-160所示。

图3-160　简洁明了的导航条

　　我们应该充分认识到只有把导航要素设计的直观、明了、单纯，才能给用户带来最大的方便，Flash动态导航菜单也是这样。如果不是那些追求艺术美感和实验性的网站，无论您追求的东西多么富有创意和新颖，假如您把导航条设计得很复杂难懂，那么它就很难成为一个优秀的网站，这条原则必须铭记于心。如图3-161所示是某网站新颖独特的导航条。

图3-161　新颖独特的导航条

# Chapter

## 04

# 第4章  展示动画制作

# 实例7

## 产品展示动画

素材路径：源文件与素材\实例7\素材

源文件路径：源文件与素材\实例7\产品
展示动画.fla

实例效果图7

## 情景再现

产品展示广告是目前网络上见得比较多的一种广告类型，它主要通过图片的切换与转变来表现，通过控制转换的速度来吸引人们的眼球。

现在在年轻人中间非常流行网购，网上的各类网店也越来越多，为了吸引广大网民，各个店主都在自家的产品展示动画上做足了文章。今天一早，我就接到XX网店经理的电话。

"XX，你好！本月底我们店又有一批新货要发布到网上销售，我们急需做一个展示动画，要求简洁、明了，让人一看就懂，我已把相关的资料和所用的素材整理好，发到你公司的邮箱，请看完后尽快给我提供一个小样。谢谢！"

根据对客户资料的详细分析，我们迅速进入到了广告的构思当中。

## 任务分析

- 根据创意绘制底图。
- 整理相关的文字。
- 绘制所用图形并设置动画。
- 调整作品的合理布局，测试动画，完成制作。

## 流程设计

在制作时，我们首先根据创意绘制好底图，并整理好文字，然后再创建图像并设置好动画。最后调整作品的图像与文字的合理布局，测试动画，从而完成整幅作品的制作。

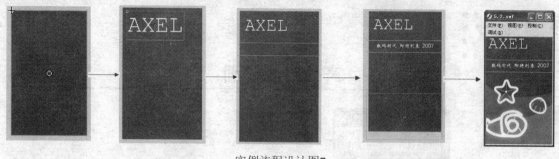

实例流程设计图7

## 任务实现

图4-1 文档属性

**step 01** 执行"文件">"新建"命令，新建一个Flash文档。单击"属性"面板上的"尺寸大小"按钮 550 × 400 像素 ，在弹出的"文档属性"对话框设置"尺寸"为179px×300px，"帧频"设置为35，其他设置如图4-1所示。

**step 02** 执行"插入">"新建元件"命令，设置弹出的"创建新元件"对话框中"类型"为"图形"，"名称"为"背景"。

**step 03** 单击"矩形"工具，设置"混色器"面板如图4-2所示。设置"笔触颜色"为"无"，在场景中绘制一个200px×320px的矩形，如图4-3所示。

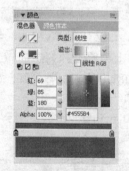

图4-2 设置"混色器"面板

图4-3 绘制图形

**step 04** 执行"插入">"新建元件"命令，设置弹出的"创建新元件"对话框中"类型"为"图形"[1]，"名称"为"白线"，如图4-4所示。

**step 05** 单击"直线"工具，设置"笔触颜色"为"#FFFFFF"，设置"属性"面板上的"笔触高度"为"1"，在场景中绘制一个218px的直线，如图4-5所示。

**step 06** 执行"插入">"新建元件"命令，设置弹出的"创建新元件"对话框中"类型"为"图形"，"名称"为"文字1"。

---

[1]"图形"元件：主要用于定义一些静态的图形对象，也可以运用单独的图像制作出动画效果。它包括静态图形元件和动态图形元件两种。一个静态的图形元件被放置在编辑区中依然是静态的，但如果是一个动态的图形元件，则要取决于该影片的帧数，当帧播放结束时就会停止操作。此外，图形元件是所有元件中唯一不能使用动作的。

图4-4 新建元件

图4-5 绘制直线

step 07 单击"文本"工具，设置"属性"面板如图4-6所示。在场景中输入文字如图4-7所示。

图4-6 "属性"面板

图4-7 文字效果

step 08 执行"插入">"新建元件"命令，设置弹出的"创建新元件"对话框中"类型"为"图形"，"名称"为"文字2"。

step 09 单击"文本"工具，设置"属性"面板如图4-8所示。在场景中输入文字如图4-9所示。

图4-8 "属性"面板

图4-9 输入文字

step 10 执行"插入">"新建元件"命令，设置弹出的"创建新元件"对话框中"类型"为"影片剪辑"，"名称"为"海底元件"。

step 11 单击"图层1"第55帧位置，按【F6】键插入关键帧，执行"文件">"导入">"导入到舞台"命令，将图像"源文件与素材\实例7\素材\image6.png"导入到场景中，效果如图4-10所示。选中元件，执行"修改">"转换为元件"命令。

step 12 单击"图层1"第61帧和第67帧位置，按【F6】键插入关键帧，单击第83帧位置，按【F5】键插入帧。分别单击"图层1"第55帧和第67帧位置，设置"属性"面板上"颜色"样式下"Alpha"值为"0%"，分别单击第55帧和第61帧位置，设置"属性"面板上"补间类型"为"动画"，时间轴效果如图4-11所示。

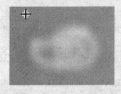

图4-10 导入图像

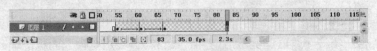

图4-11 时间轴效果

step 13 用同样方法制作其他图层的动画，时间轴效果如图4-12所示。

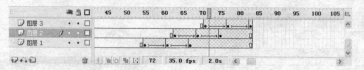

图4-12　时间轴效果

**step 14** 单击"时间轴"面板上的"插入图层"按钮，新建"图层4"。单击"图层4"第1帧位置，执行"文件">"导入">"导入到舞台"命令，将图像"源文件与素材\实例7\素材\image3.png"导入到场景中，效果如图4-13所示。选中元件，执行"修改">"转换为元件"命令。

**step 15** 单击"图层4"第11帧位置，按【F6】键插入关键帧，单击"任意变形"工具，调整场景中元件的大小，如图4-14所示。

图4-13　导入图像

图4-14　调整图像

**step 16** 单击"图层4"第16帧位置，按【F6】键插入关键帧，单击"任意变形"工具，调整场景中元件的大小，如图4-15所示。

**step 17** 分别单击"图层4"第1帧和第11帧位置，依次设置"属性"面板上"补间类型"为"动画"[2]。时间轴效果如图4-16所示。

图4-15　调整图像

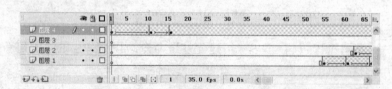

图4-16　时间轴效果

**step 18** 用同样的方法制作其他图层的动画，时间轴效果如图4-17所示。

图4-17　时间轴效果

**step 19** 单击"时间轴"面板上的"插入图层"按钮，新建"图层7"。单击"图层7"第83帧位置，执行"窗口">"动作"命令，打开"动作-帧"面板，输入"gotoAndPlay(55);"语句。

---

[2]动作补间动画：为动画创建好开始关键帧与结束关键帧，然后在"属性"面板的"补间"下拉列表框中选择"动作"选项，即生成动作补间。如果创建动作补间动画后，又改变了两个关键帧之间的帧数，或者在某个关键帧中移动了群组或实例，Flash将自动重新生成两个关键帧之间的补间帧。

step 20 执行"插入">"新建元件"命令，设置弹出的"创建新元件"对话框中"类型"为"影片剪辑"，"名称"为"海底动画"，如图4-18所示。

step 21 单击"图层1"第7帧位置，执行"文件">"导入">"导入到舞台"命令，将图像"源文件与素材\实例7\素材\image1.png"导入到场景中。选中元件，执行"修改">"转换为元件"命令，效果如图4-19所示。

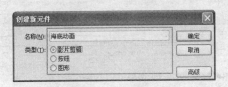

图4-18　新建元件

图4-19　图像效果

step 22 单击"图层1"第7帧位置，选中元件，设置"属性"面板上"颜色"样式下"Alpha"值为"0%"，如图4-20所示。

step 23 单击"图层1"第29帧位置，按【F6】键插入关键帧，选中元件，设置"属性"面板上"颜色"样式下"Alpha"值为"30%"，如图4-21所示。

图4-20　图像效果

图4-21　图像效果

step 24 单击"图层1"第7帧位置，设置"属性"面板上"补间类型"为"动画"，单击第127帧位置，按【F5】键插入帧，时间轴效果如图4-22所示。

图4-22　时间轴效果

step 25 单击"时间轴"面板上的"插入图层"按钮，新建"图层2"。单击"图层2"第1帧位置，执行"文件">"导入">"导入到舞台"命令，将图像"源文件与素材\实例7\素材\image2.png"导入到场景中。选中元件，执行"修改">"转换为元件"命令，效果如图4-23所示。

step 26 单击"图层2"第1帧位置，选中元件，设置"属性"面板上"颜色"样式下"Alpha"值为"0%"，如图4-24所示。

图4-23　图像效果

图4-24　图像效果

step 27 单击"图层2"第23帧位置，按【F6】键插入关键帧。选中元件，设置"属性"面板上"颜色"样式下"Alpha"值为"30%"，如图4-25所示。

step 28 单击"图层2"第1帧位置，设置"属性"面板上"补间类型"为"动画"，单击第127帧位置，按【F5】键插入帧，时间轴效果如图4-26所示。

图4-25 图像效果

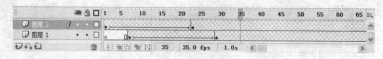

图4-26 时间轴效果

step 29 单击"时间轴"面板上的"插入图层"按钮，新建"图层3"。单击"图层3"第40帧位置，将"海底元件"拖入场景中，如图4-27所示，

step 30 单击"时间轴"面板上的"插入图层"按钮，新建"图层4"。单击"图层4"第127帧位置，执行"窗口">"动作"命令，打开"动作-帧"面板，输入"stop ();"语句。时间轴效果如图4-28所示。

图4-27 元件效果

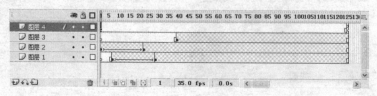

图4-28 时间轴效果

step 31 单击"时间轴"面板上的"场景1"标签，返回主场景。单击"图层1"第1帧位置，将"背景"元件拖入场景中，如图4-29所示。

step 32 单击"时间轴"面板上的"插入图层"按钮，新建"图层2"。单击"图层2"第1帧位置，将"文字2"元件拖入场景中，如图4-30所示。

图4-29 元件效果

图4-30 插入元件

step 33 单击"时间轴"面板上的"插入图层"按钮，新建"图层3"。单击"图层3"第1帧位置，将"白线"元件拖入场景中，如图4-31所示。

step 34 单击"时间轴"面板上的"插入图层"按钮，新建"图层4"。单击"图层4"第1帧位置，将"白线"元件拖入场景中，如图4-32所示。

图4-31 插入元件

图4-32 插入元件

**step 35** 单击"时间轴"面板上的"插入图层"按钮，新建"图层5"。单击"图层5"第1帧位置，将"文字1"元件拖入场景中，如图4-33所示。

**step 36** 单击"时间轴"面板上的"插入图层"按钮，新建"图层6"。单击"图层6"第1帧位置，将"海底动画"元件拖入场景中，如图4-34所示。

**step 37** 执行"文件"＞"保存"命令，保存文件，按【Enter+Ctrl】键，测试动画，效果如图4-35所示。

图4-33 插入元件

图4-34 插入元件

图4-35 测试效果

## 设计说明

产品展示动画，最主要的是要将所需的产品展现给浏览者，动画不需要过于复杂，无需过多的特殊效果。

产品展示动画的色彩主要以所展示的产品色调与色彩寓意为主，同时不要忽视与网站页面色调相合谐一致。

## 知识点总结

本例主要运用了创建动作补间动画的相关知识。

### 1. 创建动作补间动画

通过为实例、群组与文字创建动作补间动画，可以改变这些对象的位置、尺寸、旋转或倾斜。此外，通过改变实例与文本的颜色，还可创建颜色渐变动画或淡入、淡出动画；而结合运动引导层，还可以创建出沿指定路径运动的动画。

如果创建动作补间动画后，又改变了两个关键帧之间的帧数，或者在某个关键帧中移动了群组或实例，Flash将自动重新生成两个关键帧之间的补间帧。

**提示** 由于只有元件才能创建动作补间动画，因此用于补间的组合对象、文本或位图必须转换为元件。如果对不是元件的对象使用补间，则Flash会自动将其转换为元件并按"补间1"、"补间2"、"补间3"的顺序依次为元件命名。

2. 创建沿指定路径运动的动画

默认情况下，对象在沿路径移动时只是平移或旋转，而与路径的切线方向没有关系。在"时间轴"面板中将第1帧设置为当前帧，单击"绘图纸外观"按钮 ，并将"时间轴"面板上方出现的绘图纸标记调整为与动画长度一致，以观察动画的全部帧。

若要使对象在沿路径运动时，能够根据路径的切线方向调整其自身的方向并保持与路径的切线夹角的角度不变，可首先在"时间轴"面板中单击第1帧，然后在属性面板中选中"调整到路径"复选框。

## 拓展训练

图4-36 实例最终效果

本例将制作一个商场的促销广告，效果如图4-36所示。本例主要是通过文字的动画来吸引人们的目光，既形式活泼又一目了然，是网上比较常用的一种广告形式。本例在制作时有一点需要特别注意，文字的轮廓不会随文字的缩放而变化，所以在制作缩放文字的动画时为了保证美观，一定要先将文字的轮廓线转变为填充图形。

**step 01** 启动Flash程序，新建一个Flash文档，在"属性"面板中单击"尺寸大小"按钮 550 x 400 像素 ，在弹出的"文档属性"对话框中设置文档标题和尺寸，如图4-37所示。选择"文件" > "导入" > "导入到舞台"菜单命令，选择"源文件与素材\实例7\素材\底图素材.jpg"图片，适当调整图片的位置，结果如图4-38所示。

图4-37 设置文档标题和尺寸

图4-38 导入图片

**step 02** 新建"图层 2"，选择"文本"工具 **T**，在"属性"面板中设置字体为"方正超粗黑简体"、字号为64，完成后在工作区中输入文字"5月"，如图4-39所示。连续按两次【Ctrl+B】组合键将文字打散，然后设置"笔触颜色"为纯白色，选择"墨水瓶"工具 ，在"5"的轮廓处单击鼠标左键为其添加轮廓线，完成后选择该轮廓线，在"属性"面板中设置"笔触高度"为3。

**step 03** 在"颜色"面板中设置从金黄色（#FF9600）到黄色（#FFFF5A）的线性渐变，如图4-40所示。

图4-39 输入的文字

图4-40 设置渐变色

**step 04** 使用"颜料桶"工具为"5"填充渐变色，结果如图4-41所示。然后使用同样的方法为"月"添加轮廓线和填充渐变，结果如图4-42所示。

图4-41 填充渐变后的效果

图4-42 为"月"添加轮廓线和填充渐变

**step 05** 继续选择"文本"工具，在"属性"面板中设置字体为"方正超粗黑简体"、字号为50，完成后在工作区中输入文字"优惠大酬宾"，并使用前面的方法将它们打散并添加轮廓线和填充渐变，此处的轮廓线"笔触高度"为1，结果如图4-43所示。然后结合【Shift】键选择图中的所有轮廓线，选择"修改">"形状">"将线条转换为填充"菜单命令，将轮廓线转换为图形，为了便于后面设置动画，我们将该图层中的所有文字图形都选中，按【Ctrl+G】组合键将它们群组。

**step 06** 新建"图层 3"，在其中输入文字"十周年"，其字体为"方正超粗黑简体"、字号为64，如图4-44所示。

**step 07** 连续按两次【Ctrl+B】组合键将文字打散，设置"笔触颜色"为纯黄色，选择"墨水瓶"工具，在图形的轮廓处单击鼠标左键为其添加轮廓线，完成后选择该轮廓线，在"属性"面板中设置"笔触高度"为3。在"颜色"面板中设置从蓝色（#06C1F0）到浅绿色（#D7FDF4）的线性渐变，如图4-45所示，填充效果如图4-46所示。

图4-43　修改后的文字

图4-44　输入的文字

图4-45　设置渐变色

图4-46　添加轮廓线和填充渐变后的效果

**step 08** 继续输入文字"店庆"，重复上面的操作为其添加轮廓线和填充渐变色，并适当调整其位置，结果如图4-47所示，完成后将"十周年店庆"群组。至此，该实例的所有素材就全部准备完毕了，下面就可以进行动画的制作了。

**step 09** 在正式开始动画的制作之前，先将"图层 2"和"图层 3"中的文字图像转换为图形元件，在"图层 1"中的第60帧处按【F5】键插入一个空白关键帧。在"图层 2"中的第10帧处按【F6】键插入一个关键帧，然后再在第15帧处插入一个关键帧。完成后在"图层 2"中的第1帧处单击鼠标左键，选择此处的文字图形，在"变形"面板中将其缩小为原来的10%，并在"属性"面板中设置Alpha值为0%，使其完全透明。

**step 10** 在"图层 2"第1帧和第10帧之间的任意一帧处单击鼠标右键，从弹出的快捷菜单中选择"创建补间动画"命令，创建运动补间动画，同样在第10帧和第15帧之间也创建运动补间动画。然后在"图层 2"中的第13帧处按【F6】键插入一个关键帧，并在"变形"面板中将图形放大为原来的120%，结果如图4-48所示。

图4-47　其他的文字效果

图4-48　放大图形

**step 11** 选择"图层 3"中的第1帧，将其复制到第20帧处，让其在第20帧处再出现。在"图层3"的第30帧和第35帧处分别插入关键帧，然后选择第1帧，在"变形"面板中将图形放大为原来的400%，并设置旋转为-60度，结果如图4-49所示。完成后在第20帧到第30帧、第30帧到第35帧之间分别创建运动补间动画。然后在"图层 3"中的第33帧处插入一个关键帧，并在"变形"面板中将图形放大为原来的120%，结果如图4-50所示。

图4-49　放大和旋转图形

图4-50　放大图形

**step 12** 新建"图层 4"，在第36帧处插入关键帧，在文字图形之上绘制两个白色的矩形，并将它们转换为图形元件，如图4-51所示。然后在第38帧、第40帧、第42帧、第44帧、第46帧、第48帧、第50帧、第52帧处分别插入关键帧，设置第36帧、第40帧、第44帧、第48帧、第52帧处图形的Alpha值为0%，设置第38帧、第42帧、第46帧、第50帧处图形的Alpha值为60%，完成后分别在它们之间创建运动补间动画。最后在第60帧处插入空白关键帧。至此，整个动画就全部创建完成，动画测试效果如图4-52所示。

图4-51　绘制出的矩形

图4-52　动画测试效果

## 职业快餐

### 1. 展示动画设计的分类

产品展示动画：应用于产品销售网站中，通过Flash的动态效果将各种产品展现出来，或者将同一产品的不同功能和用途等表现出来，使浏览者在观看动画时即可了解产品的具体功能，如图4-53所示。

图4-53  产品展示动画

旅游展示动画：应用于旅游网站中，通过Flash的动态效果将不同地点的风景与特色展现给浏览者，使浏览者在看到动画后更加渴望亲身进行体验，达到宣传的目的，如图4-54所示。

图4-54  旅游展示动画

### 2. 展示动画设计的表现形式

展示动画的表现形式一般较为简单，达到向浏览者展示产品、服务、形象等内容即可，多通过将图像的不同效果叠加在一起来实现。与其他Flash动画最大的区别是，一般不需要在动画中加入过多的脚本，浏览者不用对动画进行控制，从开始到结束都是设计者设置好的，不需要浏览者单击控制。最多在动画中加入链接，当单击时直接进入到指定的页面。

## 实例8

### 旅游展示动画

素材路径：源文件与素材\实例8\素材
源文件路径：源文件与素材\实例8\旅游展示动画.fla

实例效果图8

## 情景再现

　　随着暑假的来临，又到了夏季旅游的旺季。今天我们就接到一个单子，一家旅游网站需要更新网页动画，要求将原来的滑雪动画改为大海动画，主要目的是宣传夏季去海边旅游、避暑。客户只提供了大体的想法，并没有给我们提供任何的素材图片，所以我们在制作时必须从手绘素材开始。

## 任务分析

- 根据创意绘制背景素材。
- 绘制作品中所用的其他素材并设置相关的动画。
- 输入宣传文字，并添加特殊的效果。
- 调整整体布局，测试动画，完成制作。

## 流程设计

　　在制作时，我们首先使用软件自带的绘图工具绘制相关的素材，然后为素材添加相关的动画，最后调整整体布局，测试动画，完成作品的制作。

实例流程设计图8

## 任务实现

　　`step 01` 执行"文件">"新建"命令，新建一个Flash文档。单击"属性"面板上的"尺寸大小"按钮 `550 x 400 像素`，在弹出的"文档属性"对话框设置"尺寸"为380px×100px，"帧频"设置为12，其他设置如图4-55所示。

　　`step 02` 执行"插入">"新建元件"命令，新建元件，"类型"为"图形"，"名称"为"海浪1"，如图4-56所示。

　　`step 03` 单击"矩形"工具 ，设置"笔触颜色"为"无"，"填充色"为"#CAF2FF"，在场景中绘制图

图4-55　文档属性

形，如图4-57所示。

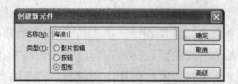

图4-56　创建新元件

图4-57　绘制图形

**step 04** 单击"橡皮擦"工具 ✐³，对图形进行擦除，如图4-58所示。

**step 05** 单击"刷子"工具 ✐⁴，设置"填充色"为"#FFFFFF"，在场景中绘制图形，如图4-59所示。

图4-58　擦除效果

图4-59　绘制图形

**step 06** 用同样的方法制作其他的元件，如图4-60所示。

图4-60　图形效果

**step 07** 执行"插入">"新建元件"命令，新建元件，"类型"为"影片剪辑"，"名称"为"海浪动画"，如图4-61所示。

**step 08** 单击"时间轴"第1帧位置，将"海浪1"元件拖入场景中，如图4-62所示。

图4-61　创建元件

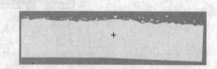

图4-62　拖入元件

**step 09** 单击"时间轴"第10帧位置，按【F6】键插入关键帧。单击第5帧位置，按【F6】键插入关键帧。单击"任意变形"工具，改变场景中元件的位置，如图4-63所示。

**step 10** 分别单击第1帧和第5帧位置，设置"属性"面板上"补间类型"为"动画"，时间轴效果如图4-64所示。

---

³ "橡皮擦"工具："橡皮擦"工具 ✐用于擦除舞台中的图形。它可以有选择地对图形进行擦除，如只擦除线条或填充区域。

⁴ "刷子"工具：使用"刷子"工具 ✐绘制的图形从外观上看似乎是线条，其实是一个填充区域，只是没有边线而已。并且，现在Flash允许用户使用"属性"面板设置线条的平滑值，设置的数值越大绘制的线条就越平滑。

图4-63 调整位置

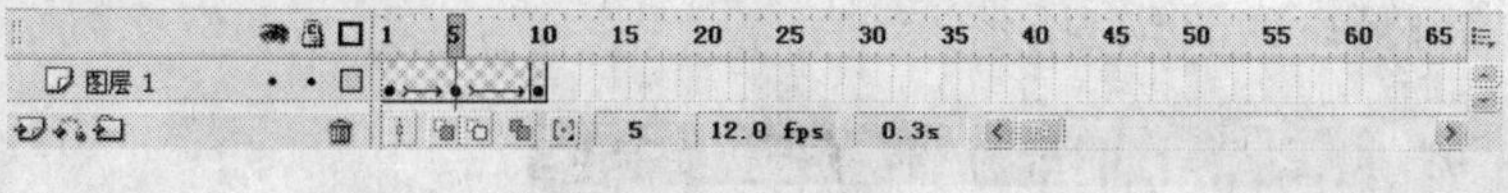

图4-64 时间轴效果

**step 11** 单击"时间轴"面板上的"插入图层"按钮，新建"图层2"，将"海浪2"元件拖入场景中，如图4-65所示。

**step 12** 单击"时间轴"第10帧位置，按【F6】键插入关键帧。单击第5帧位置，按【F6】键插入关键帧。单击"任意变形"工具，改变场景中元件的位置，如图4-66所示。

图4-65 拖入元件

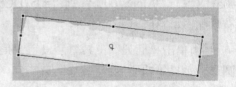

图4-66 调整位置

**step 13** 分别单击第1帧和第5帧位置，设置"属性"面板上"补间类型"为"动画"，时间轴效果如图4-67所示。

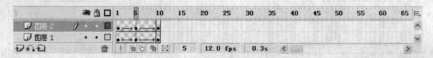

图4-67 时间轴效果

**step 14** 单击"时间轴"面板上的"插入图层"按钮，新建"图层3"，将"海浪3"元件拖入场景中，如图4-68所示。

**step 15** 单击"时间轴"第1帧位置，按【F6】键插入关键帧。单击第5帧位置，按【F6】键插入关键帧。单击"任意变形"工具，改变场景中元件的位置，如图4-69所示。

图4-68 拖入元件

图4-69 调整位置

**step 16** 分别单击第1帧和第5帧位置，设置"属性"面板上"补间类型"为"动画"，时间轴效果如图4-70所示。

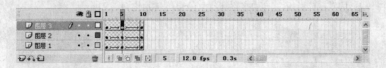

图4-70 时间轴效果

**step 17** 执行"插入">"新建元件"命令，新建元件，"类型"为"图形"，"名称"为"气泡"，如图4-71所示。

**step 18** 单击"椭圆"工具○，设置"笔触颜色"为"无"，在场景中绘制一个16px×16px的圆形，如图4-72所示。

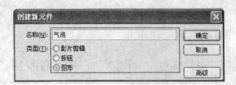

图4-71 创建元件

图4-72 绘制图形

**step 19** 单击"油漆桶"工具 🖤，在"混色器"面板中设置"类型"为"放射状"，从"#057DC5""Alpha100%"到"#057DC5""Alpha0%"的渐变。单击场景中的图形，进行填充，如图4-73所示。

**step 20** 单击"椭圆"工具○，设置"笔触颜色"为"无"，在场景中绘制一个16px×16px的圆形，如图4-74所示。

图4-73 填充图形

图4-74 绘制图形

**step 21** 单击"油漆桶"工具 🖤，在"混色器"面板中设置"类型"为"放射状"，从"#FFFFFF""Alpha 0%"到"#67C5FC""Alpha100%"再到"#FFFFFF""Alpha 0%"的渐变。单击场景中的图形，进行填充，如图4-75所示。

**step 22** 单击"椭圆"工具○，设置"笔触颜色"为"无"，在场景中绘制一个4.5px×4.5px的圆形，如图4-76所示。

图4-75 填充图形

图4-76 绘制图形

**step 23** 单击"油漆桶"工具 🖤，在"混色器"面板中设置"类型"为"放射状"，从"#FFFFFF""Alpha 0%"到"#FFFFFF""Alpha100%"再到"#FFFFFF""Alpha 0%"的渐变。单击场景中的图形，进行填充，如图4-77所示。

**step 24** 单击"选择"工具 ▶，调整图形的位置，如图4-78所示。

图4-77 填充图形

图4-78 调整位置

**step 25** 执行"插入">"新建元件"命令，新建元件，"类型"为"影片剪辑"，"名称"为"气泡动画"，如图4-79所示。

**step 26** 单击"时间轴"面板上"图层1"第1帧位置，将"气泡"元件拖入场景中。单击"任意变形"工具 ⊟，调整元件的大小，如图4-80所示。

图4-79　创建元件

图4-80　调整大小

**step 27** 单击"时间轴"面板上"图层1"第25帧位置，按【F6】键插入关键帧，单击"选择"工具 ▶，调整元件的位置，如图4-81所示。

**step 28** 单击"时间轴"面板上"图层1"第1帧位置，设置"属性"面板上"补间类型"为"动画"，时间轴效果如图4-82所示。

图4-81　调整位置　　　　　　　　　　　　　图4-82　时间轴效果

**step 29** 用同样的方法制作其他动画效果，如图4-83所示。时间轴效果如图4-84所示。

图4-83　动画效果　　　　　　　　　　　　　图4-84　时间轴效果

**step 30** 执行"插入">"新建元件"命令，新建元件，"类型"为"图形"，"名称"为"文字1"，如图4-85所示。

**step 31** 单击"文本"工具 A，设置"文字大小"为"96"，设置"文本（填充）颜色"为"#6699FF"，在场景中输入文字，选中文字执行两次"修改">"分离"命令，如图4-86所示。

图4-85　创建新元件

图4-86　分离文字

**step 32** 执行"插入">"新建元件"命令，新建元件，"类型"为"图形"，"名称"为"文字2"，如图4-87所示。

**step 33** 用同样的方法输入文字。单击"墨水瓶"工具 ◌⁵，设置"笔触颜色"为"#FFFFFF"，"笔触高度"为"20"，为场景中的文字添加笔触，如图4-88所示。

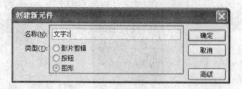

图4-87 创建元件

图4-88 图形效果

**step 34** 执行"插入">"新建元件"命令，新建元件，"类型"为"影片剪辑"，"名称"为"文字动画"，如图4-89所示。

**step 35** 单击"时间轴"第1帧位置，将"文字2"元件拖入场景中，单击第10帧位置，按【F5】键插入空白帧，如图4-90所示。

图4-89 创建元件

图4-90 图形效果

**step 36** 单击"时间轴"面板上的"插入图层"按钮 ⧉，新建"图层2"。单击"图层2"第1帧位置，将"文字1"元件拖入场景中，如图4-91所示。单击第10帧位置，按【F6】键插入关键帧。

**step 37** 单击第5帧位置，按【F6】键插入关键帧，选中场景中的元件，在"属性"面板上单击"颜色"下拉列表，选择"色调"选项，设置"颜色"为"#FF6600"，如图4-92所示。

图4-91 拖入元件

图4-92 调整效果

**step 38** 单击"时间轴"面板上的"场景1"标签，返回主场景。执行"文件">"导入">"导入到舞台"命令，选择"源文件与素材\实例8\素材\4.3.2.jpg"图片。单击第90帧位置，按【F5】键插入空白帧，如图4-93所示。

**step 39** 单击"时间轴"面板上的"插入图层"按钮 ⧉，新建"图层2"。单击"图层2"第5帧位置，按【F6】键插入关键帧，将"文字动画"元件拖入场景中，如图4-94所示。

---

⁵"墨水瓶"工具 ◌：使用"墨水瓶"工具可以一种单色对图形中的线条进行着色，或为一个填充区域添加边线。如果为元件或组合对象进行描边，则应先将它们打散。选择"墨水瓶"工具 ◌ 并利用"属性"面板设置笔触颜色、宽度和样式，然后将光标移至某个线条或某个填充区域上单击，即可以设置的笔触修改线条或为填充区域进行描边（无论它们是否有边线）。

图4-93 导入图片

图4-94 拖入元件

step 40 分别单击"时间轴"第10帧和第30帧位置，按【F6】键插入关键帧，选中第31帧到第90帧，单击鼠标右键并执行"删除帧"命令。

step 41 单击"时间轴"面板上"图层2"第5帧位置，单击"任意变形"工具⬚，调整元件的大小及角度，如图4-95所示。

step 42 单击"时间轴"面板上"图层2"第5帧位置，设置"属性"面板上"补间类型"为"动画"，时间轴效果如图4-96所示。

图4-95 调整图形

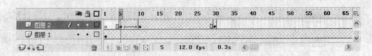

图4-96 时间轴效果

step 43 单击"时间轴"面板上的"插入图层"按钮⬚，新建"图层3"。单击"图层3"第15帧位置，按【F6】键插入关键帧，将"海浪动画" 元件拖入场景中，如图4-97所示。

step 44 单击"时间轴"面板上"图层3"第20帧位置，单击"任意变形"工具，调整元件的位置及角度，如图4-98所示。

图4-97 拖入元件

图4-98 调整元件

step 45 单击"时间轴"面板上"图层3"第25帧位置，单击"任意变形"工具⬚，调整元件的位置及角度，如图4-99所示。

step 46 单击"时间轴"面板上"图层3"第30帧位置，单击"任意变形"工具⬚，调整元件的位置及角度，如图4-100所示。

图4-99 调整角度

图4-100 调整角度

step 47 分别单击"时间轴"面板上"图层3"第15帧、第20帧和第25帧位置，设置"属性"面板上"补间类型"为"动画"，如图4-101所示。

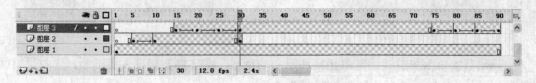

图4-101 时间轴效果

step 48 拖动鼠标选中"图层3"第15帧至第30帧，单击鼠标右键，弹出快捷菜单，选择"复制帧"选项。

step 49 单击"时间轴"面板上"图层3"第75帧位置，按【F6】键插入关键帧，单击鼠标右键，弹出快捷菜单，选择"粘贴帧"选项。

step 50 拖动鼠标选中多余的帧，单击鼠标右键，弹出快捷菜单，选择"删除帧"选项。

step 51 拖动鼠标选中第75帧至第90帧，单击鼠标右键，弹出快捷菜单，选择"翻转帧"选项。

step 52 单击"时间轴"面板上的"插入图层"按钮，新建"图层4"。单击"图层4"第27帧位置，按【F6】键插入关键帧，将"气泡动画"元件拖入场景中，如图4-102所示。

step 53 分别单击"图层4"第75帧和第90位置，按【F6】键插入关键帧，如图4-103所示。

图4-102 拖入元件

图4-103 时间轴效果

step 54 单击"图层4"第90帧位置，单击"选择"工具，选中元件，调整元件位置，如图4-104所示。

step 55 单击"图层4"第75帧位置，设置"属性"面板上"补间类型"为"动画"，如图4-105所示。

图4-104 调整位置

图4-105 时间轴效果

step 56 用同样的方法制作其他图层的动画，时间轴效果如图4-106所示

step 57 执行"文件">"保存"命令，按【Enter+Ctrl】测试动画，效果如图4-107所示。

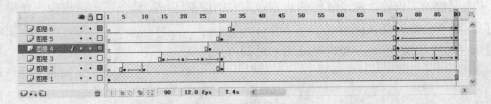

图4-106 时间轴效果

图4-107 动画测试效果

## 设计说明

旅游展示动画，要突出旅游的主题，可以真的位图进行表现，也可以卡通形式的矢量图形展示给浏览者，达到独特创新的目的。

应考虑到消费者多数是物质基础较好，重视精神享受的受众群体，画面构图应简单大方，青春时尚，富有现代感。

## 知识点总结

本例主要运用了"橡皮擦"工具、"刷子"工具和"墨水瓶"工具。

### 1. "橡皮擦"工具

选择"橡皮擦"工具 ✎ 后，在其对应的"选项"区中，可选择一种合适的擦除模式，如图4-108所示。

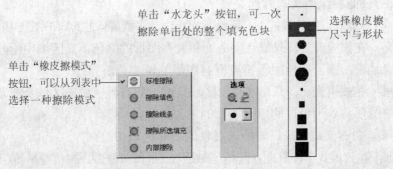

图4-108 "橡皮擦"工具选项

5种擦除模式的功能介绍如下。

- 标准擦除：擦除舞台中位于同一图层上的任意图形，但文字不受影响。
- 擦除填色：仅擦除填充内容，线条不受影响。
- 擦除线条：仅擦除线条，填充内容不受影响。
- 擦除所选填充：仅擦除选中的填充内容，线条是否被选中都不受影响。

• 内部擦除：仅擦除拖动鼠标的起始点所在的填充区域，线条不会被擦除。如果起始点为空白，将不会擦除任何图形。

图4-109所示为5种擦除模式擦除图形后的效果对比。

图4-109　5种擦除模式擦除图形后的效果

2. "刷子"工具

使用"刷子"工具 不仅可以绘制图形，还可以制作出一些特殊效果。图4-110所示的就是使用该工具绘制出的稻草人图形。

要掌握"刷子"工具 的具体用法，关键是理解各种涂色模式的区别。用户可在选择"刷子"工具后，从工具箱的"选项"选区中选择涂色模式，如图4-111所示。

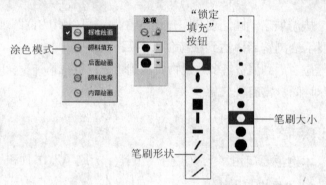

图4-110　使用"刷子"工具
　　　　　绘制稻草人图形

图4-111　"刷子"工具选项

"刷子"工具的5种涂色模式的含义如下。

• 标准绘画（默认）：在该模式下，所绘制的新线条将覆盖经过的同一图层中的原有图形。

• 颜料填充：在该模式下，只能在空白处和原有图形的颜色填充区域中绘画，原有线条将被保留。也就是说，刷子所绘图形将被原有图形的轮廓截断。

• 后面绘画：在该模式下，只能在空白区域绘画，原有颜色填充区域及线条将保留，也就是说，所绘的图形将处于经过的原有图形的下方。

• 颜料选择：在该模式下，只能所选对象的填充区域中绘画。

• 内部绘画：在该模式下，只能在起始笔触所在的图形填充区域中绘画，但不影响线条。

图4-112所示是使用上述5种涂色模式绘画所产生的效果。

图4-112　5种涂色模式绘画所产生的效果

用"刷子"工具✐绘画时，如果填充内容为渐变色，无论线条的长短和宽度如何，其渐变属性会自动根据线条的长度和宽度进行调整。

此外，若在"刷子"工具✐的"选项"区中单击"锁定填充"按钮▨，将进入"锁定填充"模式。在该模式下，相当于将渐变色图案整体映射到背景上。当使用"刷子"工具绘画时，将会在刷子描绘区域显示出渐变色图案。

### 3. "墨水瓶"工具

选择"墨水瓶"工具✐并利用"属性"面板设置笔触颜色、宽度和样式，然后将光标移至某个线条或某个填充区域上单击，即可以设置的笔触修改线条或为填充区域进行描边（无论它们是否有边线），如图4-113所示。

修改线条属性　　　　　　为填充区域设置边线

图4-113　修改线条属性或为填充区域进行描边

 为填充区添加边线时，在不选中该填充区的情况下，无论单击填充区的任何部分，都可以为它添加边线；而在选中填充区的情况下，只有单击填充区的边缘，才能为其添加边线。

## 拓展训练

本例将制作一个精彩的展示短片，效果如图4-114所示。本实例主要运用形状补间动画，在创建此类动画时一定要注意，用于进行相互变换的图形必须是打散后的，否则将无法实现此类动画。

图4-114　动画效果图

**step 01** 启动Flash程序，新建一个Flash文档，在"属性"面板中单击"尺寸大小"按钮 `550 x 400 像素` ，在弹出的"文档属性"对话框中设置文档的尺寸为600px×400px。选择"文件">"导入">"导入到舞台"菜单命令，选择"源文件与素材\实例8\素材\天空.jpg"图片，适当调整图片的位置，结果如图4-115所示。选择刚导入的图片，按【F8】键打开"转换为元件"对话框，在其中进行如图4-116所示的设置，完成后单击"确定"按钮将图片转换为图形元件。

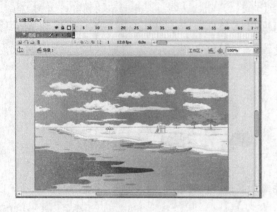

图4-115　导入图片

图4-116　将图片转换为元件

　　**step 02** 新建"图层 2"，继续选择"文件">"导入">"导入到舞台"菜单命令，选择"源文件与素材\实例8\素材\宇宙.jpg"图片，适当调整图片的位置。选择刚导入的图片，按【F8】键打开"转换为元件"对话框，在其中进行如图4-117所示的设置，完成后单击"确定"按钮将图片转换为图形元件。然后选择"文件">"导入">"导入到库"菜单命令，选择"源文件与素材\实例8\素材\纸飞机.fla"文件，将元件导入到库中。新建"图层 3"，将"纸飞机"元件拖入到场景中，选择"修改">"变形">"水平翻转"菜单命令，调整元件的方向，结果如图4-118所示。

图4-117　将图片转换为元件

图4-118　调整元件的方向

　　**step 03** 在第1帧处选择"纸飞机"元件，将其移动到场景之外，如图4-119所示。然后在时间轴面板中的"图层 3"中选择第20帧，按【F6】键插入关键帧，使用"选择"工具将"纸飞机"元件移动到如图4-120所示的位置。在"图层 3"中第1帧和第20帧的任意一帧处单击鼠标右键，从弹出的快捷菜单中选择"创建补间动画"命令，创建运动补间动画。

图4-119　第1帧处的位置

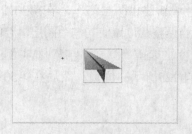

图4-120　第20帧处的位置

**step 04** 选择第20帧处的"纸飞机"元件，按【Ctrl+C】组合键对其进行复制。新建"图层4"，在第21帧处插入关键帧，按【Ctrl+V】组合键将复制的元件进行粘贴，并适当调整其到原来的位置。然后选择"文件">"导入">"导入到库"菜单命令，选择"源文件与素材\实例8\素材\飞船.fla"文件，将元件导入到库中。在"图层 4"的第30帧处插入关键帧，将"飞船"元件拖动到场景中，适当调整其位置，结果如图4-121所示。

**step 05** 在第30帧处选择"纸飞机"元件，按【Delete】键将其删除，此时该帧处只保留"飞船"元件，如图4-122所示。

图4-121　导入元件

图4-122　删除元件后的效果

**step 06** 选择"图层 4"中第20帧到第30帧之间的任意一帧，单击鼠标右键，从弹出的快捷菜单中选择"创建补间形状"选项，如图4-123所示，创建形状补间动画。此时，滑动时间帧会发现在第20帧到第30帧时纸飞机会慢慢地转变为飞船，如图4-124所示。

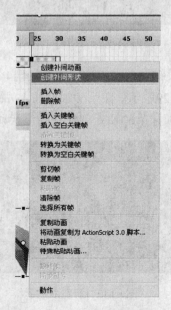

图4-123　选择"创建补间形状"选项

图4-124　创建出的变形效果

**step 07** 新建"图层 5"，在第30帧处插入关键帧，从库中将"飞船"元件再拖入到场景中，适当调整其位置使其与"图层 4"中的飞船重合。选择"文件" > "导入" > "导入到库"菜单命令，选择"源文件与素材\实例8\素材\火焰.fla"文件，将该元件拖动到场景中并调整到如图4-125所示的位置。然后在第50帧插入关键帧，调整元件到如图4-126所示的位置。

图4-125　导入元件　　　　　　　　　　　　图4-126　调整元件的位置

**step 08** 在"图层 5"中第30帧和第50帧的任意一帧处单击鼠标右键，从弹出的快捷菜单中选择"创建补间动画"命令，创建运动补间动画。选择"图层 2"的第1帧，将其拖动到第20帧处，然后分别在"图层 1"和"图层 2"的第20帧和第30帧处插入关键帧，选择"图层 1"的第30帧，在"属性"面板中将其Alpha值设置为0%，使其完全透明，完成后选择"图层 2"的第20帧，在"属性"面板中将其Alpha的值设置为0%，使其完全透明，最后在两个图层中的第20帧和第30帧处创建运动补间动画，产生出淡入淡出的效果，如图4-127所示。在"图层 2"的第80帧处按【F5】键插入空白帧，使该图层中的元件一直显示到最后，如图4-128所示。

图4-127　产生淡入淡出效果　　　　　　　　图4-128　图像的显示

**step 09** 在最上方新建"图层 6"，在第50帧处插入关键帧，在工作区中绘制出4个圆形，填充白色到黑色的放射性渐变并删除其轮廓线，如图4-129所示。在第60帧处插入关键帧，适当放大这些圆形，结果如图4-130所示。完成后在第50帧和第60帧处创建补间形状动画。

图4-129　绘制出的圆形　　　　　　　　　　图4-130　调整后的形状

**step 10** 在"图层 6"的第70帧处插入关键帧，输入如图4-131所示的文字，完成后按【Ctrl+B】组合键将文字打散，然后在第50帧和第60帧处创建补间形状动画。最后选择第80帧，插入一个空白帧。至此，整个动画就全部创建完成，可以测试动画观察效果，如图4-132所示。

图4-131　输入的文字

图4-132　调整后的文字效果

## 职业快餐

　　展示动画主要用来在互联网上进行产品、服务或者企业形象的宣传。Flash展示动画一般采用很多电视媒体的表达手法，而且短小精悍，适合网络传输，所以在网页设计中也越来越多地运用Flash展示动画直观地进行企业形象的宣传。通常Flash展示动画的制作精美，并且能够吸引浏览者的目光，因此运用Flash展示动画来宣传企业产品、服务或企业形象是非常有效的。

　　在制作Flash展示动画时，图形是制作过程中必不可少的元素。一般直接使用导入的位图，但在使用过程中却忽视了许多问题。因为毕竟Flash是一种基于矢量的图形软件，处理位图并不是它的强项，滥用位图很有可能给文件带来隐患，如文件的增大、运行时位图出现错位、抖动等情况。所以在使用位图时有必要掌握一些方法和技巧，以消除隐患。

　　（1）在导入之前应该先用其他的图形编辑软件对准备导入到Flash中的位图进行编辑（也可以用Flash对其进行编辑，编辑好后导出为图像，再重新导入到项目文件中），目的是使导入后的图片就是最终在Flash中使用时的大小。因为如果导入了一幅很大的位图，然后又进行了剪裁、缩放等操作，即使只使用了位图的很小一部分，最终文件的大小也不会有任何改变。可以自己试验一下，以证实这个说法：新建一个Flash文件，然后导入一幅位图，将它放置在舞台上，按组合键【Ctrl+Enter】测试影片。如果这时还没有打开带宽计量器，按键盘上的组合键【Ctrl+B】，打开带宽计量器，并查看文件大小，然后关闭测试窗口。选中舞台上的位图，按组合键【Ctrl+B】，将位图打散，然后进行缩小、剪裁等操作。再次测试影片并查看文件大小，你会发现文件大小和第一次测试时一模一样，并没有发生预期的减小。

　　（2）位图导入后，如果只是把它作为背景使用，不需要很高的显示质量，可以考虑将位图转换为矢量图，通常可以减小文件的大小。但是如果需要很高的显示质量，就最好不要进行转换，因为转换后的矢量图很可能比原来的位图还要大许多，而且还会有一个很漫长的转换过程。还有一种比较原始的方式，就是手工将位图在Flash中描绘下来，这样可以获得最小的文件尺寸及最快的运行速度。但这需要很大的耐心和付出更多的时间，而且要求图像不复杂。

（3）最好不要在位图的上方进行Alpha补间动画、形状补间动画、渐变、蒙版等操作，这样的组合视觉效果确实不错，但是会严重消耗系统资源。如果确定要使用这种效果，设置时最好注意以下几点：

· 将位图在舞台上的X 、Y坐标设为整数。

· 打开"位图属性"对话框，取消"允许平滑"选项的选择。

· 凡是Alpha值设为100%和0%的地方都改为99%和1%。

（4）改变Flash对位图的默认压缩比。先针对每一幅位图进行局部压缩：在"库"面板中双击要修改压缩比的位图，打开"位图属性"对话框，取消"使用导入的JPEG数据"选项的选择，然后更改默认的显示质量。最后在发布影片时再对位图进行一次全局压缩：按组合键【Ctrl+Shift+F12】，弹出"发布设置"对话框，更改JPEG品质的值。更改压缩比的设置要多试验几次，以寻求显示质量与文件大小之间的平衡点。

# 第5章　游戏动画制作

**Chapter**

**05**

## 实例9

### 竞技类游戏

素材路径：源文件与素材\实例9\素材

源文件路径：源文件与素材\实例9\
竞技类游戏.fla

实例效果图9

## 情景再现

　　今天接到上面领导安排下来的任务，将以前设计的一款连连看的游戏进行升级和改版。因为之前的游戏是我做的，所以对游戏比较熟悉，游戏代码只需要在原来的基础上略微修改一下就可以，省去了这项最烦琐的工作，只需要整理好满意的素材，就基本上大功告成了。

## 任务分析

- 搜集素材。
- 处理图像并添加相应的动画。
- 编写代码。
- 测试动画，体验游戏，完成制作。

## 流程设计

　　在制作时，首先搜集所用素材，并对素材进行适当的处理，以达到设计要求，然后为素材添加适当的动画效果，最后编写游戏代码，测试动画，完成最终的制作。

实例流程设计图9

## 任务实现

**step 01** 启动Flash程序，新建一个Flash文档，在"属性"面板中单击"尺寸大小"按钮，在弹出的"文档属性"对话框中设置文档标题和尺寸，如图5-1所示。选择"插入">"新建元件"菜单命令，弹出"创建新元件"对话框，设置元件"名称"为"元件0"，元件"类型"为"图形"，如图5-2所示。

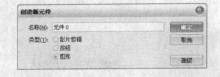

图5-1　"文档属性"对话框的设置　　　　　　图5-2　"创建新元件"对话框

**step 02** 选择"文件">"导入">"导入到舞台"菜单命令，将"源文件与素材\实例9\素材\images1.bmp"图像导入到舞台中，如图5-3所示。

**step 03** 使用同样的方法制作其他图形元件，分别命名为"元件1"～"元件20"，并分别为他们命名"标识符"，效果如图5-4所示。

**step 04** 选择"插入">"新建元件"菜单命令，弹出"创建新元件"对话框，设置元件"名称"为"遮罩"，元件"类型"为"影片剪辑"，如图5-5所示。选择"矩形"工具，在场景中绘制一个46px×49px的矩形，效果如图5-6所示。并在"库"面板中设置元件"标识符"为"LalphaMask"。

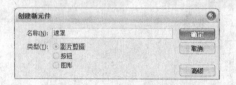

图5-3　导入的图像　　　　　　　　　　　　　　图5-4　导入的其他图像

图5-5　创建新元件　　　　　　　　　　　　　　图5-6　绘制图形

**step 05** 选择"插入">"新建元件"菜单命令，弹出"创建新元件"对话框，设置元件"名称"为"mask0"，元件"类型"为"影片剪辑"，如图5-7所示。将元件"元件0"从"库"面板中拖入场景中，并调整位置，如图5-8所示。

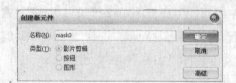

图5-7　创建新元件　　　　　　　　　　　　　　图5-8　拖入元件

**step 06** 单击"时间轴"面板上的"插入图层"按钮，新建"图层2"。将元件"遮罩"从"库"面板中拖入到场景中，并调整位置，如图5-9所示。在"图层2"的名称处单击右键，在弹出的快捷菜单中选择"遮罩层"命令，时间轴效果如图5-10所示。用前面所讲的方法，依次制作其他遮罩元件，并依次命名为"mask1"～"mask20"。

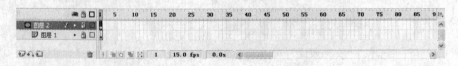

图5-9　拖入元件　　　　　　　　　　　图5-10　时间轴效果

**step 07** 选择"窗口">"库"菜单命令，打开"库"面板[1]，在元件"mask0"上单击右键，在弹出的快捷菜单中选择"链接"命令，如图5-11所示。在弹出的"链接属性"对话框中勾

---

[1] "库"面板：在Flash中，库就是一个储存元件的仓库，所有的元件，如图形、按钮、影片剪辑、位图、声音等都在这里休息待命，等待在场景中调用它们。

选"为ActionScript导出"和"在第一帧导出"复选框，并命名"标识符"为"main0"，如图5-12所示。然后依次为其他元件添加"标识符"。

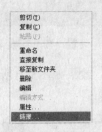

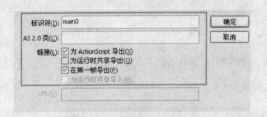

图5-11　选择"链接"命令　　　　　　　　图5-12　设置"链接属性"对话框

**step 08** 执行"插入">"新建元件"菜单命令，弹出"创建新元件"对话框，设置元件"名称"为"更多"，元件"类型"为"按钮"，如图5-13所示。选择"椭圆"工具，设置"填充色"为黑色，在场景中绘制如图5-14所示图形。

图5-13　创建新元件　　　　　　　　　图5-14　绘制图形

**step 09** 单击"时间轴"面板上的"插入图层"按钮，新建"图层2"。选择"椭圆"工具，设置"填充色"为#FF8737，在场景中绘制如图5-15所示图形。选择"文本"工具，设置"文本（填充）颜色"为#FFFF00，在场景中输入如图5-16所示文本。

图5-15　制作立体效果　　　　　　　　图5-16　输入文本

**step 10** 选中文本，执行"修改">"分离"命令[2]两次，将文本分离为图形，如图5-17所示。选中其中两个文本，修改"文本（填充）颜色"为#99FF00，效果如图5-18所示。

图5-17　分离文本　　　　　　　　　图5-18　修改图形颜色

**step 11** 选中所有"指针经过"帧，按【F6】键插入关键帧。修改"图层1"上图形的"填充色"为白色，效果如图5-19所示。选中"图层2"和"图层3"上"按下"帧，按【F6】键插入关键帧，效果如图5-20所示。

---

[2] "分离"命令：选择"修改">"分离"命令，可将选中位图分解为可选择和修改的离散颜色区域；使用该命令也可以打散选中的实例。

图5-19 设置"指针经过"帧

图5-20 设置"按下"帧

step 12 单击"图层2"上"点击"帧，按【F6】键插入关键帧，效果如图5-21所示。时间轴效果如图5-22所示。

图5-21 设置"点击"帧

图5-22 时间轴效果

step 13 使用同样的方法，制作另一个按钮元件"开始游戏"，效果如图5-23所示。时间轴效果如图5-24所示。

图5-23 制作其他元件

图5-24 时间轴效果

step 14 选择"插入">"新建元件"菜单命令，弹出"创建新元件"对话框，设置元件"名称"为"暂停"，元件"类型"为"按钮"，如图5-25所示。单击"文本"工具，设置"填充色"为黑色，在场景中输入如图5-26所示文本。

图5-25 输入的代码

图5-26 输入文本

step 15 单击"时间轴"面板上的"插入图层"按钮，新建"图层2"。设置"填充色"为#FFB959，使用"文本"工具在场景中输入如图5-27所示文本。新建"图层3"，选择"钢笔"工具，在场景中绘制如图5-28所示图形。

图5-27 制作文本阴影

图5-28 制作文本高光

step 16 选中所有"指针经过"帧，按【F6】键插入关键帧，修改"图层2"上图形的"填充色"为#FED95A，效果如图5-29所示。选中所有"按下"帧，按【F6】键插入关键帧。单击"图层1"上"点击"帧，按【F6】键插入关键帧。按【Del】键删除帧上图形，使用"矩形"工具在场景中绘制一个67px×21px的矩形，效果如图5-30所示。

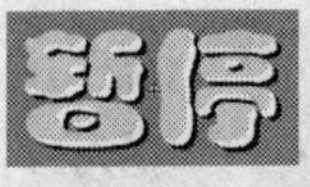

图5-29 修改颜色

图5-30 绘制矩形

**step 17** 使用同样的方法依次制作其他几个按钮元件，效果如图5-31所示。

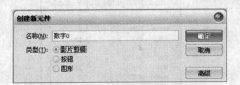

图5-31 制作其他几个元件

**step 18** 选择"插入">"新建元件"菜单命令，弹出"创建新元件"对话框，设置元件"名称"为"数字0"，元件"类型"为"影片剪辑"，如图5-32所示。在场景中输入如图5-33所示的文本。

图5-32 创建新元件

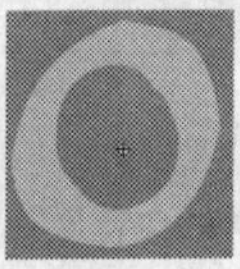

图5-33 输入文本

**step 19** 执行"修改">"分离"命令两次将文本分离为图形，并进行复制，如图5-34所示。命名其"标识符"为"num0"，如图5-35所示。

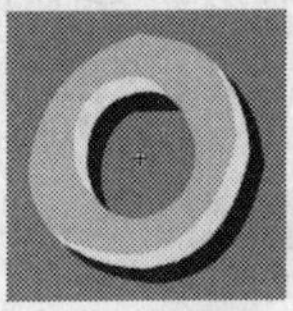

图5-34 制作立体文本效果

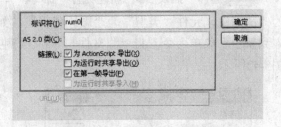

图5-35 设置"链接属性"对话框

**step 20** 使用同样的方法，依次制作其他9个数字元件，并分别命名"标识符"，效果如图5-36所示。

图5-36 制作其他元件

**step 21** 选择"插入">"新建元件"菜单命令，弹出"创建新元件"对话框，设置元件"名称"为"链接0"，元件"类型"为"影片剪辑"，如图5-37所示。选择"文件">"导入">"导入到舞台"菜单命令，将"源文件与素材\实例9\素材\image27.bmp"图像导入到舞台中，如图5-38所示。

图5-37 创建新元件

图5-38 导入图像

**step 22** 在"库"面板中元件"链接0"上单击右键，选择"链接"命令，设置弹出的"链接属性"对话框如图5-39所示。用同样的方法依次制作其他几个元件，效果如图5-40所示。

图5-39 设置"链接属性"对话框

图5-40 "库"面板

**step 23** 选择"插入">"新建元件"命令，弹出"创建新元件"对话框，设置元件"名称"为"清除"，元件"类型"为"影片剪辑"，如图5-41所示。选择"文件">"导入">"导入到舞台"菜单命令，将"源文件与素材\实例9\素材\image28.bmp"图像导入到舞台中，如图5-42所示。

图5-41 创建新元件

图5-42 导入图像

图5-43 导入图像

**step 24** 单击时间轴第3帧位置，按【F6】键插入关键帧，按Del键删除帧上元件，将"源文件与素材\实例9\素材\image29.bmp"图像导入到舞台中，如图5-43所示。用同样的方法，将其他几帧图像导入，单击时间轴最后1帧位置，在"动作-帧"面板中输入如下代码：

```
this.removeMovieClip();
```

时间轴效果如图5-44所示，并命名"库"面板中链接"标识符"为"Iclear"。

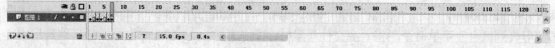

图5-44 时间轴效果

step 25 执行"插入">"新建元件"命令,弹出"创建新元件"对话框,设置元件"名称"为"胜利背景",元件"类型"为"图形",如图5-45所示。将"源文件与素材\实例9\素材\image34.bmp"图像导入到舞台中,如图5-46所示。

图5-45　创建新元件　　　　　　　　图5-46　导入图像

step 26 单击"矩形"工具,设置"混色器"面板如图5-47所示,将"填充色"设置为从白色到#C1C1C1的线性渐变效果。使用前面的方法输入文字并绘制矩形,结果如图5-48所示。

step 27 单击"时间轴"面板上的"场景1"标签,返回场景编辑状态。将"源文件与素材\实例9\素材\ image33.bmp"图像导入到舞台中,如图5-49所示。单击"时间轴"面板上的"插入图层"按钮,新建"图层2"。将元件"更多"从"库"面板中拖入到场景中,并调整位置。

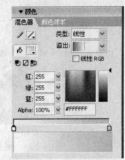

图5-47　设置"混色器"面板

图5-48　输入文字并绘制矩形

step 28 单击"时间轴"面板上的"插入图层"按钮,新建"图层3"。将元件"开始游戏"从"库"面板中拖入到场景中,并调整位置,如图5-50所示。执行"窗口">"动作"命令,在弹出的"动作-帧"面板中输入以下代码:

```
var scancel = new Sound();
scancel.attachSound("cancel");
var sundo = new Sound();
sundo.attachSound("sundo");
var sclick = new Sound();
sclick.attachSound("click");
var sclear = new Sound();
sclear.attachSound("clear");
var shint = new Sound();
shint.attachSound("shint");
var sthrow = new Sound();
sthrow.attachSound("sthrow");
var sgo = new Sound();
sgo.attachSound("go");
var sns = new Sound();
sns.attachSound("sns");
var sgameover = new Sound();
```

```
sgameover.attachSound("sgameover");
AllHide();
AllNumDis();
_root.paupic.removeMovieClip();
_root.gameover.removeMovieClip();
_root.ScrText.removeTextField();
_root.itinfo.removeTextField();
_root.UpFan.removeMovieClip();
_root.congrauration.removeMovieClip();
_root.gamelife.removeMovieClip();
_root.alphaMask.removeMovieClip();
stop ();
```

此时的"动作-帧"面板如图5-51所示。

图5-49　导入图像

图5-50　调整元件位置

图5-51　输入代码

step 29　单击"图层2"第2帧位置，按【F6】键插入关键帧。按【Del】键删除帧上元件，将元件"胜利背景"从"库"面板中拖入到场景中，并调整位置。单击"图层3"上时间轴第2帧位置，按【F6】键插入关键帧。按【Del】键删除帧上元件，将元件"暂停"从"库"面板中拖入场景中，并调整位置。

step 30　选中"暂停"元件，修改其"属性"面板上"实例名称"为"BPause"。在"动作-帧"面板中输入以下代码：

```
function iDrawFan()
{
    var m = ifan % 1000000;
    var n;
```

```
        var i = 5;
        while (i >= 0)
        {
            n = Math.floor(m / Math.pow(10, i));
            m = m % Math.pow(10, i);
            attachMovie("num" + n, "num" + i, 600 + i);
            with (_root["num" + i])
            {
                _x = 526 + (5 - i) * 18;
                _y = 50;
            } // End of with
            --i;
        } // end while
    } // End of the function
    function IsNextStage()
    {
        var i = MainNum.length - adaLineNum;
        while (i > adaLineNum)
        {
            if (MainNum[i] != 0)
            {
```

此时的"动作-帧"面板如图5-52所示。

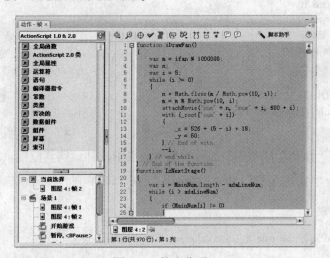

图5-52 输入代码

**step 3** 将元件"提示"从"库"面板中拖入场景中，并调整其位置。修改其"属性"面板上"实例名称"为"BHint"。在"动作-帧"面板中输入以下代码：

```
    on (release)
    {
        if (IsPause == true || HintValue == 0)
        {
            return;
        } // end if
        --HintValue;
        DrawHint();
        attachMovie("iHint", "iHint0", 8000);
        with (_root.iHint0)
        {
```

```
            _x = hintX0 * adaWidth;
            _y = hintY0 * adaHeight + adaTop;
        } // End of with
        attachMovie("iHint", "iHint1", 8001);
        with (_root.iHint1)
        {
            _x = hintX1 * adaWidth;
            _y = hintY1 * adaHeight + adaTop;
        } // End of with
        shint.start();
        iLink[0] = 0;
        _root.alphaMask._visible = false;
    }
```

step 32 将元件"打乱"从"库"面板中拖入场景中，并调整其位置。修改其"属性"面板上"实例名称"为"**BThrow**"。在"动作-帧"面板中输入以下代码：

```
    on (release)
    {
        if (IsPause == true || ThrowValue == 0)
        {
            return;
        } // end if
        --ThrowValue;
        DrawThrow();
        sthrow.start();
        do
        {
            Dlcx();
        } while (Tishi() == false)
    }
```

step 33 将元件"撤销"从"库"面板中拖入场景中，并调整其位置，如图5-53所示。修改其"属性"面板上"实例名称"为"**BUndo**"。在"动作-帧"面板中输入以下代码：

```
    on (release)
    {
        if (IsPause == true || UndoValue == 0 || iUndoIndex <= 0)
        {
            return;
        } // end if
        ifan = ifan - undofan;
        iDrawFan();
        --UndoValue;
        DrawUndo();
        sundo.start();
        MainNum[iUndo0] = iUndoIndex;
        MainNum[iUndo1] = iUndoIndex;
        attachMovie("main" + (iUndoIndex - 1), "main" + iUndo0, iUndo0);
        attachMovie("main" + (iUndoIndex - 1), "main" + iUndo1, iUndo1);
        with (_root["main" + iUndo0])
        {
            _x = Math.floor(iUndo0 / adaLineNum) * adaWidth;
            _y = iUndo0 % adaLineNum * adaHeight + adaTop;
            _visible = true;
```

```
    } // End of with
    _root["main" + iUndo0].onRelease = function ()
    {
        RegisterDown(this._x / adaWidth, (this._y - adaTop) / adaHeight);
    };
    with (_root["main" + iUndo1])
    {
        _x = Math.floor(iUndo1 / adaLineNum) * adaWidth;
        _y = iUndo1 % adaLineNum * adaHeight + adaTop;
        _visible = true;
    } // End of with
    _root["main" + iUndo1].onRelease = function ()
    {
        RegisterDown(this._x / adaWidth, (this._y - adaTop) / adaHeight);
    };
    iUndoIndex = -1;
}
```

图5-53　调整文字的位置

step 34 选择"文件">"打开"菜单命令，打开"源文件与素材\实例9\素材\6-1.fla"文件，执行"窗口">"库"菜单命令，依次将元件"完成"、"提示块"、"时间条"、"无消除"、"暂停游戏"、"过关"、"提交"拖入场景中，并按【Delete】键删除。"库"面板中显示如图5-54所示。然后分别将声音文件拖入到场景中，并删除，"库"面板中显示如图5-55所示。

图5-54　导入其他元件

图5-55　导入声音

step 35 单击"时间轴"面板上的"插入图层"按钮，新建"图层4"。单击第1帧位置，在"动作-帧"面板中输入以下代码：

```
var scancel = new Sound();
scancel.attachSound("cancel");
var sundo = new Sound();
sundo.attachSound("sundo");
var sclick = new Sound();
sclick.attachSound("click");
var sclear = new Sound();
sclear.attachSound("clear");
var shint = new Sound();
shint.attachSound("shint");
var sthrow = new Sound();
sthrow.attachSound("sthrow");
var sgo = new Sound();
sgo.attachSound("go");
var sns = new Sound();
sns.attachSound("sns");
var sgameover = new Sound();
sgameover.attachSound("sgameover");
AllHide();
AllNumDis();
_root.paupic.removeMovieClip();
_root.gameover.removeMovieClip();
_root.ScrText.removeTextField();
_root.itinfo.removeTextField();
_root.UpFan.removeMovieClip();
_root.congrauration.removeMovieClip();
_root.gamelife.removeMovieClip();
_root.alphaMask.removeMovieClip();
stop ();
```

step 36 单击"图层4"第2帧位置，按【F6】键插入关键帧，在"动作-帧"面板中输入如图5-56所示代码。具体内容请读者参看源文件。

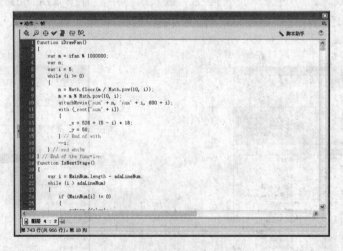

图5-56 输入代码

step 37 至此，整个实例就全部制作完成了，将该实例进行保存，按【Ctrl＋Enter】组合键测试动画，效果如图5-57所示。

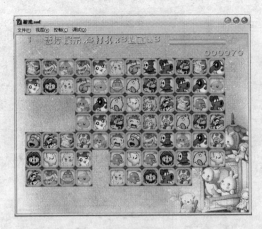

图5-57　动画测试效果

## 设计说明

　　竞技类游戏的制作中要突出游戏的竞技性，也就是无论从画面色彩，还是动画过程都要有足够的吸引力，还有好的脚本语言也是制作一个好游戏的关键。

　　创建元件：

　　游戏中的元件制作，尽量遵循简单性。并且尽量能将多个影片剪辑制作在同一个影片剪辑中，方便调用。

　　脚本应用：

　　在游戏制作中，简单实用的脚本是一个成功游戏的重点。通过合理的脚本控制，实现游戏的趣味性。

## 知识点总结

　　本例主要运用了"库"面板、"分离"命令和标识符等相关知识。

### 1. "库"面板

　　任意打开一个Flash文档，选择"窗口" > "库"命令，即可打开"库"面板。"库"面板会显示库中所有项目的名称，允许在工作时查看和组织这些项目。"库"面板中项目名称旁边的图标指示该项目的文件类型。

　　"库"面板中各个按钮的功能如图5-58所示。

### 2. "分离"命令

　　利用"分离"命令可以非常方便地将位图进行分离，从而实现对其进行编辑。被导入的位图被添加到文档后，是作为一个对象存在的，此时只能使用"任意变形"工具对其进行整体的变形，无法对局部进行编辑。若要对位图进行简单的编辑，可选中位图后，选择"修改" > "分离"命令，将其分解为可选择和修改的离散颜色区域，如图5-59所示。

提示　　打散后的图像与源图像从外观上看并没有区别，而且转换速度特别快，但是打散的图像与矢量转化的结果并不相同，例如用户无法对两个打散的位图设置形状补间。

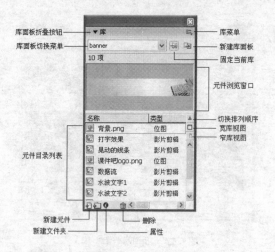

图5-58 "库"面板

图5-59 分离位图

若要编辑分离后的图形,应先选择工具箱中的"套索"工具,再单击其"选项"区中的"魔术棒"按钮,然后在图像上单击选中颜色相近的区域,再进行移动或编辑即可。

### 3. 标识符

若要使用ActionScript从库中附加一个影片剪辑元件,必须为ActionScript导出该元件并为其指定一个唯一的链接标识符。可以在"库"面板中对存储的各种元件设置链接标识符,这表示可以向"舞台"附加图像或使用共享库中的资源。

## 拓展训练

休闲类游戏在设计制作中要重点突出其休闲的特性。所以在制作中要注意游戏策划、场景绘制和元件制作都要具有休闲的意味。本例的效果如图5-60所示。

图5-60 实例最终效果

**step 01** 执行"文件">"新建"命令,新建一个Flash文档。单击"属性"面板上的"尺寸大小"按钮 550×400像素 ,弹出"文档属性"对话框,如图5-61所示,设置"尺寸"为600px×300px,"背景颜色"为#663300,"帧频"为12fps。

step 02 执行"插入">"新建元件"命令，弹出"创建新元件"对话框，设置元件"类型"为"图形"，名称为"按钮"，如图5-62所示。单击"矩形"工具□，单击"边角半径设置"按钮，设置弹出的"矩形设置"对话框如图5-63所示。

step 03 设置"混色器"面板如图5-64所示，在场景中绘制一个67px×36px的矩形，效果如图5-65所示。设置"填充色"为从#FFFFFF到#999999的线性渐变。

图5-61 设置"文档属性"对话框

提示 若要调整渐变方向，可以单击"颜料桶"工具，按【Shift】键的同时从上向下或从下向上拖曳鼠标。

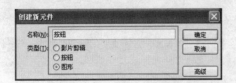

图5-62 创建新元件

图5-63 设置"矩形设置"对话框

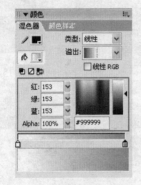

图5-64 设置"混色器"面板

图5-65 绘制圆角矩形

step 04 单击"矩形"工具□，设置"填充色"为#FF8000，在场景中绘制一个53px×28px的矩形，效果如图5-66所示。设置"填充色"为#FF9900，在场景中绘制一个46px×23px的矩形，效果如图5-67所示。

图5-66 绘制圆角矩形

图5-67 绘制圆角矩形

step 05 执行"插入">"新建元件"命令，弹出"创建新元件"对话框，设置元件"类型"为"按钮"，名称为"开始"，如图5-68所示。单击时间轴上"弹起"帧，将元件"按钮"从"库"面板中拖入场景中，并调整位置如图5-69所示。

图5-68　创建新元件

图5-69　调整元件位置

step 06 单击"时间轴"面板上的"插入图层"按钮🗗，新建"图层2"。单击"文本"工具Ａ，设置文本"属性"面板如图5-70所示，在场景中输入如图5-71所示文本。

图5-70　设置文本"属性"面板

图5-71　输入文本

step 07 拖动选中两图层的"指针经过"帧，按【F6】键插入关键帧。修改文本"属性"面板如图5-72所示，效果如图5-73所示。

图5-72　设置文本"属性"面板

图5-73　修改文本颜色

step 08 执行"插入"＞"新建元件"命令，弹出"创建新元件"对话框，设置元件"类型"为"图形"，名称为"背景"，如图5-74所示。单击"矩形"工具▢，设置"填充色"为#13A85E，在场景中绘制一个600px×300px的矩形，效果如图5-75所示。

图5-74　创建新元件

图5-75　绘制矩形

step 09 执行"插入"＞"新建元件"命令，弹出"创建新元件"对话框，设置元件"类型"为"图形"，名称为"标题"，如图5-76所示。单击"文本"工具Ａ，设置"文本（填充）色"为#FF0000，在场景中输入如图5-77所示文本。

图5-76　创建新元件

图5-77　输入文本

**step 10** 选中文本，执行"修改">"分离"命令两次，将文本分离为图形。单击"墨水瓶"工具 ✍，设置"笔触颜色"为白色，"笔触高度"为2，"属性"面板设置如图5-78所示。在图形上单击，为图形添加边线，效果如图5-79所示。

图5-78　设置"属性"面板　　　　　　　　　　　　图5-79　为图形添加边线

**step 11** 单击"时间轴"面板上的"场景1"标签，返回场景编辑状态，将元件"背景"从"库"面板中拖入场景中，并调整位置如图5-80所示。将元件"标题"从"库"面板中拖入场景中，并调整位置如图5-81所示。

图5-80　调整元件位置　　　　　　　　　　　　图5-81　调整元件位置

**step 12** 单击"文本"工具 A，设置文本"属性"面板如图5-82所示，在场景中输入如图5-83所示文本。

图5-82　设置文本"属性"面板

**step 13** 将元件"开始"从"库"面板中拖入场景中，并调整元件位置如图5-84所示。选中按钮元件，执行"窗口">"动作"命令，在弹出的"动作-帧"面板中输入以下代码：

```
on (release) {
gotoAndPlay(2);
}
```

图5-83　输入文本　　　　　　　　　　　　图5-84　调整元件位置

step 14 单击"时间轴"面板上的"插入图层"按钮 ，新建"图层2"。在"动作-帧"面板中输入"stop();"代码，时间轴效果如图5-85所示。

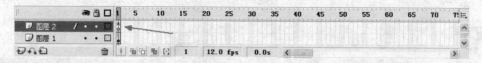

图5-85 时间轴效果

step 15 执行"插入">"新建元件"命令，弹出"创建新元件"对话框，设置元件"类型"为"图形"，名称为"标题背景"，如图5-86所示。单击"矩形"工具，设置"填充色"为#287951，在场景中绘制1个600px×65px的矩形，效果如图5-87所示。

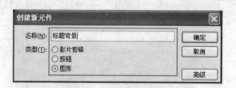

图5-86 创建新元件

图5-87 绘制矩形

step 16 单击"矩形"工具 ，设置"填充色"为#2BC518，在场景中绘制1个580px×58px的矩形，效果如图5-88所示。执行"插入">"新建元件"命令，弹出"创建新元件"对话框，设置元件"类型"为"影片剪辑"，名称为"找到动画"，如图5-89所示。

图5-88 绘制矩形

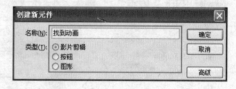

图5-89 创建新元件

step 17 单击"刷子"工具 ，设置"填充色"为#FF66FF，单击时间轴第2帧位置，按【F6】键插入关键帧，在场景中绘制如图5-90所示图形。拖动选中时间轴第3帧、第4帧和第5帧，按【F6】键插入关键帧。单击时间轴第7帧位置，按【F5】键插入帧。时间轴效果如图5-91所示。

图5-90 绘制图形

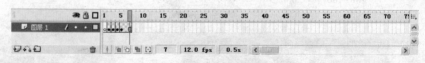

图5-91 时间轴效果

step 18 单击"橡皮擦"工具 ，修改第2帧上图形如图5-92所示。修改第3帧上图形如图5-93所示。修改第4帧上图形如图5-94所示。

step 19 单击"时间轴"面板上的"插入图层"按钮 ，新建"图层2"。单击时间轴第1帧位置，按【F6】键插入关键帧，在"动作-帧"面板中输入"stop();"代码。单击时间轴第7帧位置，按【F6】键插入关键帧，在"动作-帧"面板中输入"stop();"代码。时间轴效果如图5-95所示。

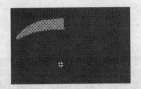

图5-92 擦除图形

图5-93 擦除图形

图5-94 擦除图形

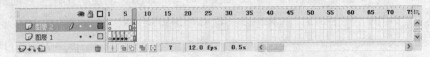

图5-95 时间轴效果

**step 20** 执行"插入">"新建元件"命令，弹出"创建新元件"对话框，设置元件"类型"为"按钮"，名称为"反应区"，如图5-96所示。

**step 21** 单击时间轴上"点击"帧，按【F6】键插入关键帧。单击"椭圆"工具○，在场景中绘制一个158px×80px的椭圆，效果如图5-97所示，时间轴效果如图5-98所示。

图5-96 创建新元件

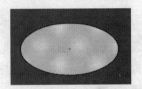

图5-97 绘制椭圆

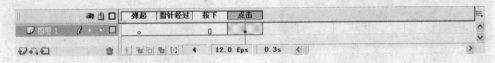

图5-98 时间轴效果

制作这个按钮反应区是为了动画运行中一旦单击这个位置，就找到一处不同的动画，也就是在场景中标出答案的地方。

**step 22** 执行"插入">"新建元件"命令，弹出"创建新元件"对话框，设置元件"类型"为"图形"，名称为"胜利"，如图5-99所示。单击"文本"工具，在场景中输入如图5-100所示文本。

图5-99 创建新元件

图5-100 输入文本

**step 23** 执行"修改">"分离"命令两次，将文本分离为图形，单击"选择"工具，拖动选中图形的下半部分，修改其填充色为#CC0000，效果如图5-101所示。单击"墨水瓶"工具，设置"笔触颜色"为黑色，为图形填充边线，单击"线条"工具，设置"笔触颜色"为白色，为图形添加如图5-102所示效果。

图5-101　调整图形颜色　　　　　　　　　　图5-102　制作文字效果

**step 24** 执行"插入">"新建元件"命令，弹出"创建新元件"对话框，设置元件"类型"为"按钮"，名称为"大反应区"，如图5-103所示。单击时间轴上"弹起"帧，按【F6】键插入关键帧。单击"矩形"工具□，在场景中绘制一个262px×213px的矩形，效果如图5-104所示。

图5-103　创建新元件　　　　　　　　　　　图5-104　绘制矩形

**step 25** 单击"时间轴"面板上的"场景1"标签，返回场景编辑状态。单击"图层1"第2帧位置，按【F6】键插入关键帧，按【Del】键删除帧上文本元件。将元件"标题背景"从"库"面板中拖入场景中，并调整位置如图5-105所示。单击"文本"工具A，在场景中输入如图5-106示文本。

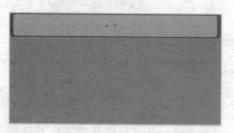
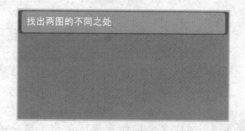

图5-105　调整元件位置　　　　　　　　　　图5-106　输入文本

**step 26** 执行"文件">"打开"命令，将文件"源文件与素材/实例9/素材\6-2.fla"打开，执行"窗口">"库"命令，在"库"面板中选择"6-2"文件的库文件，如图5-107所示。将元件"图1"和"图2"从"库"面板中拖入场景中，并排列元件成如图5-108所示。

**step 27** 将元件"反应区"从"库"面板中拖入场景中，调整位置如图5-109所示。执行"窗口">"动作"命令，在弹出的"动作-帧"面板中输入以下代码：

```
on(release){
    if (Number(an1)==0){
    tellTarget("1a"){
        play();
    }
```

```
tellTarget("1b"){
        play();
}
an1=1;
count=Number(count)+1;
                }
if(Number(count==5)) {
        nextFrame();
}
}
```

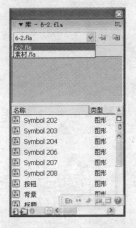

图5-107 文件"6-2"的库文件

图5-108 排列元件

**step 28** 确定"反应区"元件被选中，按下【Alt】键拖动复制元件，移动复制元件到如图5-110所示位置。确定"动作-帧"面板中代码与元件"1a"相同。

图5-109 调整元件位置

图5-110 调整元件位置

**step 29** 采用同样的方法，将元件"反应区"从"库"面板中分别拖入场景中两个位置上，如图5-111所示。在 "动作-帧"面板中输入以下代码：

```
on(release){
    if (Number(an2)==0){
    tellTarget("2a"){
        play();
    }
    tellTarget("2b"){
        play();
    }
    an2=1;
    count=Number(count)+1;
```

```
                }
        if(Number(count==5)) {
                nextFrame();
        }
    }
```

**step 30** 采用同样的方法，将元件"反应区"从"库"面板中分别拖入场景中两个位置上，如图5-112所示。在"动作-帧"面板中输入以下代码：

```
on(release){
    if (Number(an3)==0){
    tellTarget("3a"){
            play();
    }
    tellTarget("3b"){
            play();
    }
    an3=1;
    count=Number(count)+1;
                            }
    if(Number(count==5)) {
            nextFrame();
    }
}
```

图5-111　调整元件位置　　　　　　　　　图5-112　调整元件位置

**step 31** 采用同样的方法，将元件"反应区"从"库"面板中分别拖入场景中两个位置上，如图5-113所示。在"动作-帧"面板中输入以下代码：

```
on(release){
    if (Number(an4)==0){
    tellTarget("4a"){
            play();
    }
    tellTarget("4b"){
            play();
    }
    an4=1;
    count=Number(count)+1;
                            }
    if(Number(count==5)) {
            nextFrame();
    }
}
```

step 32 采用同样的方法，将元件"反应区"从"库"面板中分别拖入场景中两个位置上，如图5-114所示。在"动作-帧"面板中输入以下代码：

```
on(release){
    if (Number(an5)==0){
    tellTarget("5a"){
            play();
    }
    tellTarget("5b"){
            play();
    }
    an5=1;
    count=Number(count)+1;
                    }
    if(Number(count==5)) {
            nextFrame();
    }
}
```

图5-113　调整元件位置

图5-114　调整元件位置

step 33 将元件"找到动画"从"库"面板中拖入场景中，调整位置如图5-115所示。选中元件，修改其"属性"面板上"实例名称"为"1a"，如图5-116所示。

图5-115　调整元件位置

图5-116　设置"实例名称"

step 34 将元件"找到动画"从"库"面板中拖入场景中，调整位置到元件"1a"对应的位置，如图5-117所示。选中元件，修改其"属性"面板上"实例名称"为"1b"，如图5-118所示。

step 35 依次将元件"找到动画"从"库"面板中拖入场景中的其他"反应区"位置，如图5-119所示。并按照图片的不同位置，依次命名为2a和2b、3a和3b、4a和4b、5a和5b。

step 36 分两次将元件"大反应区"从"库"面板中拖入场景中，并调整位置如图5-120所示。然后修改元件"属性"面板上"颜色"样式下的Alpha值为0％，效果如图5-121所示。

图5-117 调整元件位置

图5-118 设置"实例名称"

图5-119 调整其他元件

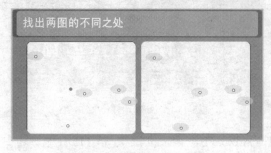

图5-120 调整元件位置

图5-121 修改元件属性效果

**step 37** 单击"图层2"的第2帧位置,按【F6】键插入关键帧,在"动作-帧"面板中输入"stop();"代码,时间轴效果如图5-122所示。

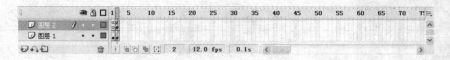

图5-122 时间轴效果

**step 38** 单击"图层1"第3帧位置,按【Del】键删除帧上元件。单击"矩形"工具□,设置"填充色"为#FF00FF,在场景中绘制一个600px×300px的矩形,效果如图5-123所示。单击"套索"工具♀,选中部分图形,并修改"填充色"为#CA00CA,效果如图5-124所示。

**step 39** 将元件"胜利"从"库"面板中拖入到场景中,并调整大小、位置如图5-125所示。单击"图层2"第3帧位置,按【F6】键插入关键帧。在"动作-帧"面板中输入"stop();"代码,时间轴效果如图5-126所示。

**step 40** 执行"文件">"保存"命令,将动画命名为"6-2.fla",单击"确定"按钮,保存动画。同时按下【Ctrl+Enter】键测试动画，预览效果如图5-127所示，完成动画制作。

图5-123 绘制图形

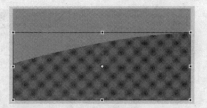

图5-124 修改部分图形

图5-125 调整元件大
小和位置

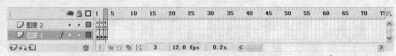

图5-126 时间轴效果

图5-127 动画预览效果

## 职业快餐

### 1. 游戏动画制作的原则

合作原则：游戏的制作过程是非常烦琐和复杂的，所以要做好一个游戏，必须要多人互相协调工作，每个人根据自己的特长来完成不同的任务，这样一来，可以充分发挥各自的特点，保证游戏的制作质量和提高工作效率。

速度原则：确定游戏的流程，合理地分配工作，每天完成一定的任务，事先设计好进度表，然后按进度表进行制作，才不会在最后关头忙得不可开交，把大量工作堆在短时间内完成。

技术原则：平时多注意别人的游戏制作方法，如果遇到好的作品，就要养成研究和分析的习惯，从这些观摩的经验中，提高自身的制作水平。

完善原则：游戏制作完成后，需要通过测试找出程序中的问题。除此之外，为了避免测试时的盲点，一定要在多台计算机上进行测试，而且参加的人数最好多一点，这样就有可能发现游戏中存在的问题，使游戏可以更加完善。

### 2. 游戏动画制作的分类

动作类游戏：必须依靠玩家的反应来控制游戏中的角色，这种游戏是最常见的一种，可以使用鼠标，也可以使用键盘，如图5-128所示。

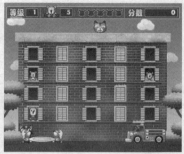

图5-128　动作类游戏

益智类游戏：益智类游戏的特点就是玩起来速度慢，比较幽雅，主要用来培养玩家在某方面的智力和反应能力，如图5-129所示。

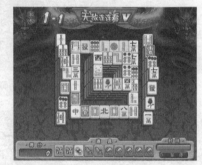

图5-129　益智类游戏

角色扮演类游戏：角色扮演类游戏就是由玩家扮演游戏中的主角，按照游戏中的剧情来进行游戏，游戏过程中会有一些解谜或者和敌人战斗的情节，这类游戏在技术上不算难，但是因为游戏规模非常大，所以在制作上也会相当复杂，如图5-130所示。

图5-130　角色扮演类游戏

竞技类游戏：竞技类游戏在Flash游戏中占有绝对的数量优势，因为这类游戏的内部机制大家都比较了解，平时接触的也较多，做起来容易一点，如图5-131所示。

图5-131　竞技类游戏

### 3. 游戏动画制作的表现形式

游戏制作是Flash动画制作中较高级的动画制作类型，动画的制作方法基本上都是通过ActionScript语言控制各种元件完成的，动画中常常会涉及各种动画类型。并且通过脚本语言可以实现互联网上的对战游戏、实现与数据库数据的交换等。

## 实例10

### 益智类游戏

素材路径：源文件与素材\实例10\素材

源文件路径：源文件与素材\实例10\益智类游戏.fla

实例效果图10

## 情景再现

今天经朋友联系给别人开发一款小型的益智类游戏，该游戏的受众是广大小学生，游戏的要求是简单、时尚、好玩，要符合小学生的游戏心理。我们根据这些要求构思制作了一款小游戏。

## 任务分析

- 搜集素材。
- 处理图像并添加相应的动画。
- 编写代码。
- 测试动画，体验游戏，完成制作。

## 流程设计

　　制作时，我们首先利用"直线"工具绘制出插画人物的草图，其次参照草图用"钢笔"工具精心刻画细节，并转换为选区填充基本色，然后绘制出五官以及阴影和高光，最后根据创意添加相应的文字图像，完成插画的绘制。本游戏的创作思路比较简单，主要是利用键盘上的方向键来调整企鹅的位置，从而使图中的方块进行有效的排列，用时最短者为胜利方。

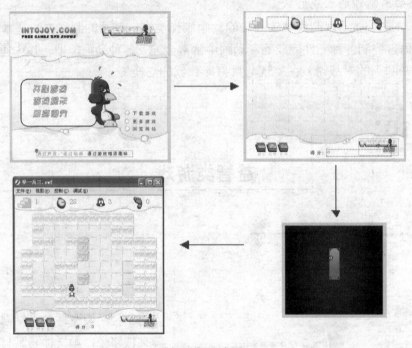

实例流程设计图10

## 任务实现

　　**step 01** 执行"文件"＞"新建"命令，新建一个Flash文档。单击"属性"面板上的"尺寸大小"按钮 550 x 400 像素 ，在弹出的"文档属性"对话框设置"尺寸"为416px×368px，"帧频"设置为30fps，其他设置如图5-132所示。

　　**step 02** 执行"插入"＞"新建元件"命令，新建一个元件，设置"类型"为"影片剪辑"，"名称"为"片头动画"。

　　**step 03** 单击"时间轴"面板上"图层1"第25帧位置，按【F6】键插入关键帧，执行"文件"＞"打开"＞"导入到舞台"命令，将文件"源文件与素材\实例10\素材\片头文字1"拖入场景中，如图5-133所示。

图5-132　文档属性

INTOJOY.COM

图5-133　拖入元件

**step 04** 单击 "时间轴" 面板上的 "插入图层" 按钮, 新建 "图层2"。单击 "图层2" 第1帧位置, 执行 "文件" > "打开" > "导入到舞台" 命令, 将文件 "源文件与素材\实例10\素材\片头图形1" 拖入场景中, 如图5-134所示。

**step 05** 分别单击 "图层2" 第7帧、第9帧和第14帧位置, 依次按【F6】键插入关键帧。分别单击第9帧和第14帧位置, 依次单击 "任意变形" 工具, 调整场景中元件的大小, 如图5-135所示。

图5-134　拖入元件

图5-135　调整元件

**step 06** 分别单击 "图层2" 第7帧和第9帧位置, 依次设置 "属性" 面板上 "补间类型" 为 "动画", 时间轴效果如图5-136所示。

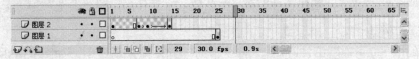

图5-136　时间轴效果

**step 07** 用同样的方法制作其他图层的动画, 时间轴效果如图5-137所示。

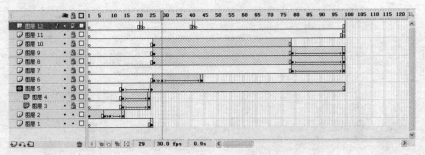

图5-137　时间轴效果

**step 08** 执行 "插入" > "新建元件" 命令, 新建一个元件, 设置 "类型" 为 "按钮"[3], "名称" 为 "按钮1"。

---

[3] "按钮" 元件: 用于创建响应鼠标单击、移动或其他动作的交互按钮, 有时也用来制作一些特殊效果。每个按钮元件都由4个帧构成, 分别代表按钮的3个状态和热区。制作按钮时, 应首先定义与各种按钮状态相关联的图形, 然后根据需要为按钮的实例分配动作。

**step 09** 单击"点击"帧，按【F6】键插入关键帧，将"反应区6"元件拖入场景中，如图5-138所示。

**step 10** 单击"时间轴"面板上的"插入图层"按钮，新建"图层2"。单击"图层2"的"弹起"帧，将"雪2"元件拖入场景中，如图5-139所示。

图5-138　拖入元件　　　　　　　　　　　图5-139　拖入元件

**step 11** 单击"时间轴"面板上的"插入图层"按钮，新建"图层3"。单击"图层3"的"弹起"帧，将"文字10"元件拖入场景中，如图5-140所示。

**step 12** 单击"图层3"的"指针经过"帧，按【F6】键插入关键帧，将"文字11"元件拖入场景中如图5-141所示。单击"图层3"的"按下"帧位置，按【F6】键插入关键帧。

图5-140　拖入元件　　　　　　　　　　　图5-141　拖入元件

**step 13** 用同样的方法制作其他的元件，如图5-142所示。

图5-142　制作其他元件

**step 14** 执行"插入">"新建元件"命令，新建一个元件，设置"类型"为"影片剪辑"，"名称"为"帮助1"。

**step 15** 单击"时间轴"第1帧位置，将"帮助"元件拖入场景中，如图5-143所示。

**step 16** 单击"时间轴"面板上的"插入图层"按钮，新建"图层2"。单击"图层2"第1帧位置，将"文字8"元件拖入场景中，如图5-144所示。

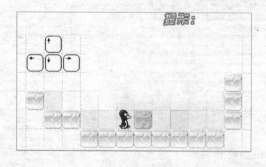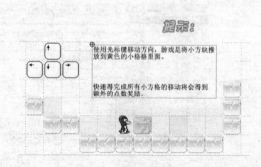

图5-143　拖入元件　　　　　　　　　　　图5-144　拖入元件

**step 17** 单击"时间轴"面板上的"插入图层"按钮，新建"图层3"。单击"图层3"第1帧位置，将"反应区5"元件拖入场景中，如图5-145所示。

**step 18** 单击"时间轴"面板上的"插入图层"按钮，新建"图层4"。单击"图层4"第

1帧位置，执行"窗口">"动作"命令，打开"动作-帧"面板，输入"onMouseDown = function () { _parent. gotoAndStop(1); };"语句。

**step 19** 用同样的方法制作其他的元件，如图5-146所示。

**step 20** 单击"时间轴"面板上的"场景1"标签，返回主场景。单击"图层1"第273帧位置，按【F6】键插入关键帧，将"背景5"元件拖入场景中，如图5-147所示。单击第275帧位置，按【F5】键插入帧。

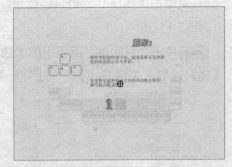

图5-146 拖入元件

图5-146 制作元件

**step 21** 单击"时间轴"面板上的"插入图层"按钮，新建"图层2"。单击第274帧位置，按【F6】键插入关键帧，将"背景4"元件拖入场景中，如图5-148所示。

图5-147 拖入元件

图5-148 拖入元件

**step 22** 单击"时间轴"面板上的"插入图层"按钮，新建"图层3"。单击第273帧位置，按【F6】键插入关键帧，将"背景3"元件拖入场景中，如图5-149所示。

**step 23** 单击"时间轴"面板上的"插入图层"按钮，新建"图层4"。单击第273帧位置，按【F6】键插入关键帧，将"文字9"元件拖入场景中，如图5-150所示。

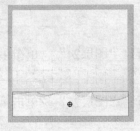

图5-149 拖入元件

图5-150 拖入元件

**step 24** 单击"图层4"第274帧位置，按【F6】键插入关键帧，将"图片8"元件拖入场景中，如图5-151所示。

**step 25** 单击"时间轴"面板上的"插入图层"按钮，新建"图层5"。单击第273帧位置，按【F6】键插入关键帧，将"雪1"元件拖入场景中，如图5-152所示。

图5-151　拖入元件

图5-152　拖入元件

**step 26** 单击"时间轴"面板上的"插入图层"按钮，新建"图层6"。单击第273帧位置，按【F6】键插入关键帧，将"背景2"元件拖入场景中，如图5-153所示。

**step 27** 单击"时间轴"面板上的"插入图层"按钮，新建"图层7"。单击第273帧位置，按【F6】键插入关键帧，将"按钮1"元件拖入场景中，如图5-154所示。

图5-153　拖入元件

图5-154　拖入元件

**step 28** 用同样的方法导入其他的元件，如图5-155所示。

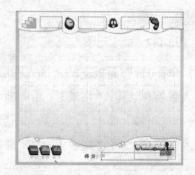

图5-155　导入元件

**step 29** 单击"时间轴"面板上的"插入图层"按钮，新建"图层24"。单击第1帧位置，将"背景1"元件拖入场景中，如图5-156所示。

**step 30** 单击"时间轴"面板上的"插入图层"按钮，新建"图层25"。单击第1帧位置，将"片头动画"元件拖入场景中，如图5-157所示。

图5-156 拖入元件

图5-157 拖入元件

step 31 单击"时间轴"面板上的"插入图层"按钮，新建"图层26"。单击第227帧位置，按【F6】键插入关键帧，将"背景4"元件拖入场景中，如图5-158所示。

step 32 单击"时间轴"面板上的"插入图层"按钮，新建"图层27"。单击第173帧位置，按【F6】键插入关键帧，将"背景3"元件拖入场景中，如图5-159所示。

图5-158 拖入元件

图5-159 拖入元件

step 33 单击"图层27"第178帧位置，按【F6】键插入关键帧，将元件移至如图5-160所示位置。

step 34 单击"图层27"第173帧位置，设置"属性"面板上"补间类型"为"动画"。时间轴效果如图5-161所示。

图5-160 拖入元件

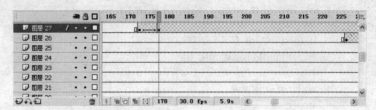

图5-161 时间轴效果

step 35 用同样的方法制作其他图层的动画，时间轴效果如图5-162所示。

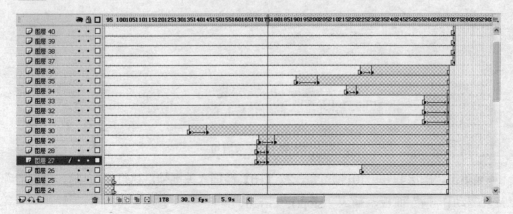

图5-162 时间轴效果

[step 36] 单击"时间轴"面板上的"插入图层"按钮，新建"图层41"。单击第227帧位置，按【F6】键插入关键帧，设置"帧标签"为"title"。

[step 37] 单击"图层41"第273帧位置，按【F6】键插入关键帧，设置"帧标签"为"main-Menu"。

[step 38] 单击"图层41"第275帧位置，按【F6】键插入关键帧，设置"帧标签"为"score"。

[step 39] 单击"时间轴"面板上的"插入图层"按钮，新建"图层42"。单击第98帧位置，按【F6】键插入关键帧，执行"窗口">"动作"命令，打开"动作-帧"面板，输入"gotoAndStop(99);play();"语句。

[step 40] 单击"图层42"第99帧位置，按【F6】键插入关键帧，执行"窗口">"动作"命令，打开"动作-帧"面板，输入如图5-163所示语句。

```
1  function cacheDate() {
2      var Register_2_ = new Date();
3      var Register_1_ = ("?anticache=" + Math.round(Register_2_.getTime()));
4      var Register_0_ = Register_1_;
5      return Register_0_;
6  }
7  function submitScore(name, score) {
8      gotoAndStop("score");
9  }
10 function cacheDate() {
11     var Register_2_ = new Date();
12     var Register_1_ = ("?anticache=" + Math.round(Register_2_.getTime()));
```

图5-163　输入语句

[step 41] 单击"图层42"第101帧位置，按【F6】键插入关键帧，执行"窗口">"动作"命令，打开"动作-帧"面板，输入"sndIntroMusic.start(0, 0);"语句。

[step 42] 单击"图层42"第273帧位置，按【F6】键插入关键帧，执行"窗口">"动作"命令，打开"动作-帧"面板，输入如下语句：

```
if (notFirstGo) {
    sndIntroMusic.start(0, 0);
}
notFirstGo = true;
stop();
```

[step 43] 单击"图层42"第274帧位置，按【F6】键插入关键帧，执行"窗口">"动作"命令，打开"动作-帧"面板，输入如图5-164所示语句。

```
1  function buildMap() {
2      txtLevel = levelCounter;
3      txtScore = score;
4      if (++level !== total) {
5          go = true;
6          goals = 0;
7          steps = 0;
8          map = this["map" + levelCounter];
9          tempArray = map.arrayCopy();
10         levelHolder = emptyClip("levelHolder", 16, 48, 1);
11         j = 0;
12         while (j < tempArray.length) {
```

图5-164　输入语句

[step 44] 单击"图层42"第101帧位置，按【F6】键插入关键帧，执行"窗口">"动作"命令，打开"动作-帧"面板，输入"stop();"语句。

**step 45** 执行"文件">"保存"命令，保存文件，按【Enter+Ctrl】键测试动画，效果如图5-165所示。

图5-165 动画测试效果

## 设计说明

益智类游戏在设计制作中除了体现其休闲的特性外，还要重点突出其趣味性，所以在制作中要注意各环节的衔接。

颜色应用：

在本例中要注意颜色的运用，颜色要尽量艳丽、突出，这样可以使玩家更轻松，并且能够突出休闲性。

动画应用：

在本例中运用了循环判断语句，读者在制作过程中要仔细研究，多多思考，并且通过效果自然的动画效果，更能突出动画的趣味性。

## 知识点总结

本例主要运用了"按钮"元件。

### 1. 按钮的状态

在Flash中，每个按钮都有4种状态，每种状态都有特定的名称与之对应，它们可以在"时间轴"面板中进行定义。按钮的4种状态分别介绍如下：

· 弹起：当鼠标指针不接触按钮时，该按钮的外观。

· 指针经过：当鼠标指针移到按钮上面，但没有按下时，该按钮的外观。

· 按下：当在按钮上按下鼠标左键时，该按钮的外观。如果按下鼠标右键，则会弹出关联菜单。

· 点击：在该状态下可以定义响应鼠标的区域，此区域在动画中是不可见的。

### 2. 启用、编辑和测试按钮

默认情况下，Flash会在创建按钮时将它保持为禁用状态，从而更容易选择和处理按钮。在禁用状态下，要测试按钮，可以选择"编辑">"测试影片"或"测试场景"命令，在打开的播放器中进行测试；也可以在"库"面板中选择该按钮后，单击库预览窗口中的"播放"按钮 ▶ 。

若要快速测试按钮的行为，可选择"控制">"启用简单按钮"命令，此时该命令前出现一个"√"标记，表明按钮已被启用。这时，舞台中的任何按钮都可以按照指定的方式响应鼠标事件。但是如果按钮中使用了影片剪辑，则必须使用播放器才能播放。再次选择"启用简单按钮"命令，对钩消失则表示禁用按钮。

当按钮处于启用状态时，要选择按钮，必须使用"选择"工具 以框选的方式来选取；若要移动按钮，则只能使用"属性"面板或键盘上的方向键来调整其位置。

## 拓展训练

下面是一个射击类的小游戏，它通过Flash的动作脚本控制，真实地再现了人机交互的过程。游戏开始后，通过单击随机出现的老鼠来获得分数，如果在规定的时间内获得足够的分数，就可以进入下一级的游戏，效果如图5-166所示。

图5-166　动画效果图

**step 01** 启动Flash，新建一个Flash文档。设置舞台尺寸为400px×300px，背景颜色为白色，其他属性保持默认设置。

 如果游戏的画面不是很流畅，可以把帧速率设置得高一些。

**step 02** 按【Ctrl+F8】键新建一个名为"mouse"的影片剪辑元件，在此影片剪辑元件中绘制一只老鼠，注册点在老鼠的中心，如图5-167所示。

**step 03** 选中老鼠的身体，即老鼠有颜色填充的部分，按【F8】键转换为影片剪辑元件，并在"属性"面板中把实例名设为"myColor"，如图5-168所示。

图5-167　绘制老鼠

图5-168　设置实例名

**step 04** 在"mouse"影片剪辑元件的编辑模式下新建一个"txt"图层，在此图层上建立一个动态文本，变量名设置为"myScore"，位置在老鼠的头部，如图5-169所示。

**step 05** 在 "mouse" 影片剪辑元件的编辑模式下新建一个 "btn" 图层，在此图层上创建一个隐形按钮，覆盖老鼠和动态文本，如图5-170所示。

图5-169 老鼠头部的动态文本 　　　　　　　　　　　图5-170 隐形按钮

**step 06** 隐形按钮的制作方法如图5-171所示，在按钮元件的4帧结构中，只在 "点击" 帧创建一个鼠标相应区域，其他3帧都是空的，不做任何操作。

**step 07** 此时 "mouse" 影片剪辑元件的图层结构如图5-172所示。

图5-171 隐形按钮元件 　　　　　　　　　　　图5-172 图层结构

 提示 　图层的顺序不能颠倒，按钮必须在最上层。

**step 08** 返回主场景，按【Ctrl+L】键打开 "库" 面板，拖出一个 "mouse" 影片剪辑到主场景的 "图层1" 的第1帧上，把 "图层1" 的名称改为 "mouse"，并在 "属性" 面板中把实例名设为 "mouse"。

**step 09** 新建一个名为 "bg" 的图层，任意画一方形，选中该方形，按【Ctrl+I】键打开 "信息" 面板，如图5-173所示进行设置。

**step 10** 保持方形的选中状态，打开 "混色器" 面板，如图5-174所示进行设置。线性填充，右边色块为：#FFE9C8，左边色块为：#FFB951。

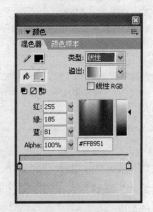

图5-173 "信息" 面板的设置 　　　　　　　　　　图5-174 "混色器" 面板的设置

**step 11** 保持方形的选中状态，单击"填充变形"工具，此时方形的状态如图5-175所示。

**step 12** 拖动方形右上角的小圆圈，改变填充的方向，如图5-176所示。

图5-175  方形的状态

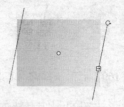

图5-176  改变填充的方向

**step 13** 新建一个名为"score"的图层，制作3个动态文本，变量名分别设置为"totalScore"、"ballLevel"和"timeShow"，分别用来显示分数、级别和时间。把3个动态文本放置在场景的左上角，如图5-177所示。

**step 14** 新建4个名称分别为"as"、"text"、"over"和"playBtn"的图层，把"mouse"图层的第1帧拖至第2帧，把"over"图层的第1帧拖至第3帧，在"as"图层中插入3个空白关键帧，图层的结构如图5-178所示。

图5-177  3个动态文本

图5-178  图层的结构

**step 15** 单击"as"图层的第1帧，打开"动作"面板，输入如下代码：

```
stop();
//帧停止播放
var s = new Sound();
//建立一个声音实例
s.loadSound("2.mp3");
//从外部导入MP3
s.onLoad = function(success) {
//判断是否已载入
    if (success) {
//如果载入成功
            s.start();
//开始播放MP3
    }
};
```

这段代码的作用是从外部载入背景音乐，首先要准备好自己喜欢的音乐，把声音文件的文件名改为"2.mp3"，与.fla文件放在同一目录下，如果不是在同一目录下，需在代码中指明声音文件的路径。

```
totalScore = 0;
```

```
//游戏开始时的分数为0
ballLevel = 1;
//游戏开始时的级别为1
timeShow = 15;
//倒计时时的时间为15秒
```

对以上这段代码进行变量的初始化。一般来说，游戏的第1帧进行一些准备工作，比如变量的初始化，下载进度的进度条，声音文件的载入等。

**step 18** 单击 "as" 图层的第2帧，打开 "动作" 面板，输入如下代码：

```
stop();
//帧停止播放
var timeCon = 40;
//此变量控制老鼠出现的时间间隔
var spdCon = 5;
//此变量控制老鼠的运动速度
MovieClip.prototype.ballMove = function() {
//此函数控制老鼠的运动
    var mc = this;
    //定义一个影片剪辑型变量
    var s = random(spdCon)+5;
```

此变量代表老鼠运动的速度，由一个全局变量spdCon来控制，加5的目的是使老鼠的速度不低于5，随着级别的增加，变量spdCon的值会增大，这样老鼠的速度也会随着增加，使游戏的难度增加。

```
    var angle = (random(60)+60)*-1;
```

此变量代表老鼠的角度，random(60)的值在0到59之间，加上60后，范围在60到119之间，乘以 -1 后的范围在 -119 到 -60 之间。因为老鼠都是由下往上运动，所以设置的角度应是负值，并且不能太大，也不能太小，例如角度为0时，老鼠向右做直线运动，根本不会出现在场景中，角度太大时也有类似的情况。

```
    mc.myScore = 4*s;
```

此变量是动态文本显示的分数，与老鼠的运动速度成正比，运动速度快的老鼠分数高，运动速度慢的老鼠分数低，因为运动速度快的老鼠比较难击中，所以它的分数应高一些。

```
    setMcProperty(mc, angle, s);
    //设置老鼠的角度、速度
    mc.onEnterFrame = function() {
    //调用事件处理函数，实现帧循环
        mcMove(mc, angle, s);
        //老鼠的运动函数，以一定的角度angle和速度s由下向上运动
    };
};
var n = 0;
//此变量是老鼠数目的序号
var time = 0;
//此变量用来记录onEnterFrame事件的速度，每执行一次，此变量加1
onEnterFrame = duplicateBall;
//利用事件处理函数，不断调用函数duplicateBall
```

```
function duplicateBall() {
//复制老鼠的函数
    if (time++%timeCon<5) {
```

变量time会不断递增，取余数后，如果小于5，将复制老鼠，其中5+1代表要复制老鼠的数目，timeCon-5代表时间间隔，这段时间不复制老鼠。变量timeCon随着游戏级别的提高会变小，使时间间隔不断变小，因为游戏难度增加后，复制老鼠的速度应适当增加，这样可适当降低游戏的难度。

```
mouse.duplicateMovieClip("m"+n, n);
//复制老鼠
var  temp = this["m"+n];
//定义临时变量
temp.ballMove();
//调用老鼠运动函数
if  (n>30) {
//如果变量n大于30
        n = 0;
        //n重设为0，可控制老鼠的数目不会超过30
} else  if  (time>40) {
        //因为timeCon的最大值是40，所以判断条件设置为大于40
                time = 0;
                //重设为0
        }
        n++;
        //n递加
    }
}
function showTime(n) {
//时间显示函数
    t1 = 0;
    //初始值为0
    zjs35 = function () {
    //定义一个函数
            t1 += 1;
            //t1不断加1
            timeShow = n-t1/10;
            //n为倒计时的时间，t1/10代表时间的递增，n-t1/10就表现为倒计时效果
    };
    time1 = setInterval(zjs35, 100);
    //每隔100毫秒调用一次函数
}
showTime(15);
//设置倒计时的时间为15秒
function setColor(mc) {
//此函数设置老鼠的颜色
    c = new Color(mc.myColor);
    //建立一个实例
    c.setRGB(random(0x999999));
    //设置随机颜色
}
function setMcProperty(mc, angle, ySpeed) {
//此函数设置老鼠的初始属性
```

```
mc._x = 200;
mc._y = random(300)+333;
//设置老鼠的坐标
mc._rotation = angle;
//设置老鼠的角度
setColor(mc);
//设置颜色
}
```

**step 17** 在设置老鼠的属性时，要对老鼠进行旋转，老鼠中的动态文本将不能显示数字，这时要为动态文本嵌入字体轮廓。双击主场景中的老鼠，单击动态文本，打开"属性"面板，如图5-179所示。

**step 18** 单击"属性"面板中的"嵌入"按钮，弹出"字符嵌入"对话框，在列表框中选择"数字"，单击"确定"按钮，如图5-180所示。

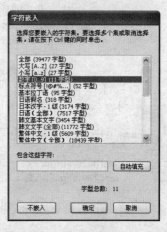

图5-179 动态文本的"属性"面板　　　　　　图5-180 "字符嵌入"对话框

**step 19** 通过上述设置后，就可对动态文本进行旋转、透明度等属性的控制了。

```
function angleToRadian(a) {
//此函数把角度转换为弧度
    var r = a*Math.PI/180;
    return r;
}
function mcMove(mc, a, s) {
//此函数控制老鼠的坐标
    var r = angleToRadian(a);
    //把角度转换为弧度
    var ty = s*Math.sin(r);
    var tx = s*Math.cos(r);
    //用三角函数计算速度
    mc._y += ty;
    mc._x += tx;
    //设置坐标
    if (mc._x<0 || mc._y<-30 || mc._x>400) {
    //如果超出边界
        removeMovieClip(mc);
        //删除影片剪辑
```

```
        }
    levelCon();
    //调用级别控制按钮
    }
    function  levelCon() {
    //此函数控制游戏的级别及其他一些设置
        if (totalScore>1 000 && timeShow>0) {
    //如果分数达到1000，并且时间在规定的范围之内，用时大于0
                totalScore = 0;
                //分数重设为0
                ballLevel += 1;
                //级别加1
                spdCon += 5;
                //速度加5
                timeCon -= 5;
                //时间间隔减5
                t1 = 0;    //时间的初始值重设为0
        } else if (totalScore<1000 && timeShow<=0||totalScore>1000 && timeShow<=0) {
        //如果在规定的时间内不能达到所需的分数
                _root.play();
                //播放帧，游戏结束
        }
    }
```

**step 20** 单击"as"图层的第3帧，打开"动作"面板，输入如下代码：

```
clearInterval(time1);
//清除时间间隔函数
```

**step 21** 双击主场景中的老鼠，在隐形按钮上添加如下代码：

```
on (press) {
    _root.totalScore += myScore;
//单击相应的老鼠，把分数进行相加
    _x = 1 000;
//横坐标设为1000，移除老鼠
}
```

**step 22** 测试影片，就可以进行游戏了。

## 职业快餐

　　近些年来，网络游戏风靡全球，Flash游戏也成为了一种全新的游戏形式。Flash游戏与传统的网络游戏相比经济环保，可以使人放松心情，而且效果精美，制作难度与网络游戏相比较为简单。

### 1. Flash游戏的种类

　　凡是玩过PC游戏或者TV游戏的朋友一定非常清楚，游戏可以分成许多不同的种类，各个种类的游戏在制作过程中所需要的技术也都截然不同，所以在一开始构思游戏的时候，决定游戏的种类是最重要的一个工作。在Flash可实现的游戏，基本上分为动作类、益智类和射击类3种类型。

（1）动作类游戏

凡是在游戏的过程中必须依靠玩家的反应来控制游戏中角色的都可以被称做"动作类游戏"。在目前的Flash游戏中，这种游戏是最常见的一种，也是最受大家欢迎的一种，至于游戏的操作方法，既可以使用鼠标，也可以使用键盘。此类游戏的典型代表是著名的动作游戏"小小作品二号——过关斩将"和"碰碰拳打"，如图5-181所示。

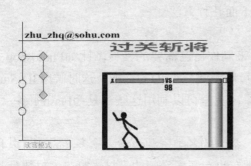 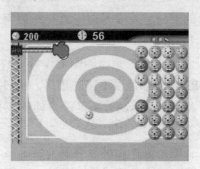

图5-181　动作类游戏

（2）益智类游戏

此类游戏也是Flash比较擅长的游戏，相对于动作游戏的快节奏，益智类游戏的特点就是玩起来速度慢，比较幽雅，主要培养玩家在某方面的智力和反应能力。此类游戏的代表非常多，比如牌类游戏、拼图类游戏、棋类游戏等。总而言之，那种玩起来主要靠玩家动脑筋的游戏都可以被称为"益智类游戏"，如图5-182所示。

图5-182　益智类游戏

（3）射击类游戏

射击类游戏在Flash游戏中占有绝对的数量优势，因为这类游戏的内部机制大家都比较了解，平时接触的也较多，所以实现起来可能容易一点，如图5-183所示。

图5-183　射击类游戏

**2. 图形图像的准备**

在Flash游戏中所用的素材图像，一方面指Flash中应用很广的矢量图，另一方面也指一些外部的位图文件，两者可以进行互补，也是游戏中最基本的素材。虽然Flash提供了丰富的绘图和造型工具，如"贝塞尔曲线"工具，可以在Flash中完成绝大多数的图形绘制工作，但是在Flash中只能绘制矢量图形，如果需要用到一些位图或者Flash很难绘制的图形时，就需要使用外部的素材了。取得这些素材一般有下面几种方法：

（1）自己动手制作

可以使用一些专业的图形设计软件来制作自己需要的素材，比如Photoshop、Painter、CorelDRAW等都是很不错的选择，另外可能需要一些3D的造型，这时候像3D Studio Max、Poser、Moho和Bryce等都是很方便的工具，完全可以利用这些工具为Flash服务。

（2）多媒体光盘

现在的多媒体光盘种类越来越丰富，盘上的各类资源也愈来愈多，完全可以利用现有的各类光盘来寻找自己需要的素材，而且现在也有好多专门的素材光盘，素材数量非常丰富，完全可以满足我们的制作需要。

（3）网络资源

在互联网空前发达的今天，我们可以充分利用网络上大量的免费资源来寻找我们需要的素材，现在网上有非常丰富的各类素材，包括图形、图像和声音等，足不出户就可以得到我们需要的素材。

# 第6章　贺卡设计制作

# Chapter

# 06

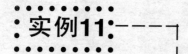

## 实例11： 祝 福 贺 卡

实例效果图11

素材路径：源文件与素材\实例11\素材
源文件路径：源文件与素材\实例11\
祝福贺卡.fla

## 情景再现

　　随着网络的发展，电子贺卡已经在网络上越来越流行了，给朋友送电子贺卡，已经不仅仅是感情的流露，它更代表了一种时尚。这次我们就利用前面所学的**Flash**的相关知识，来制作一个富有诗意的电子贺卡。

## 任务分析

- 绘制素材。
- 添加按钮。
- 添加背景音乐。
- 编写代码。
- 测试动画，完成制作。

## 流程设计

　　在制作时，我们使用软件自带的绘制工具绘制出雪花素材和背景，然后制作出按钮动画，并为贺卡添加动作和背景音乐。最后测试动画，完成整个作品的制作。

实例流程设计图11

## 任务实现

**step 01** 执行"文件"＞"新建"命令，新建一个Flash文档。单击"属性"面板上的"尺寸大小"按钮 550 x 400 像素 ，在弹出的"文档属性"对话框设置"尺寸"为437px×561px，"背景颜色"为#A9BBBF，"帧频"设置为12fps，其他设置如图6-1所示。

**step 02** 执行"插入"＞"新建元件"命令，设置弹出的"创建新元件"对话框中"类型"为"图形"，"名称"为"雪花"，如图6-2所示。单击"刷子"工具，在场景中绘制如图6-3所示图形。

图6-1 "文档属性"对话框

图6-2 创建新元件

图6-3 绘制的图形

**step 03** 使用"刷子"工具绘制如图6-4所示菱形。单击"任意变形"工具，选中菱形，修改其中心点位置到如图6-5所示位置。

图6-4 绘制的图形

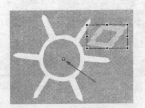

图6-5 修改中心点位置

**step 04** 执行"窗口"＞"变形"命令，设置弹出的"变形"面板中"旋转"为60度，单击"复制并应用变形"按钮，如图6-6所示。效果如图6-7所示。

**step 05** 单击"刷子"工具，绘制如图6-8所示图形，完成"雪花"图形元件的绘制。执行"插入"＞"新建元件"命令，新建一个"影片剪辑"元件，命名为"move雪花"，如图6-9所示。

图6-6　设置旋转度数

图6-7　旋转复制图形后的效果

图6-8　绘制的图形

图6-9　创建新元件

**step 06** 单击时间轴第1帧位置，将元件"雪花"从"库"面板中拖入到场景中，并调整位置，如图6-10所示。单击时间轴第50帧位置，按【F6】键插入关键帧。单击第1帧位置，设置其"属性"面板上补间类型为"动画"，并设置"旋转"选项为"顺时针"，旋转次数为1次，如图6-11所示。

图6-10　拖入元件"雪花"
　　　　到场景中

图6-11　"属性"面板设置

**提示**　"属性"面板上的"缓动"值可以控制动画的效果是缓入还是缓出。也可以单击"编辑"按钮，通过"自定义缓入缓出"对话框调整动画的播放效果。

图6-12　设置属性

**step 07** 单击"时间轴的"第100帧位置，按【F6】键插入关键帧。单击第50帧位置，设置其"属性"面板上补间类型为"动画"，设置"旋转"选项为"顺时针"，旋转次数为1次，如图6-12所示，时间轴效果如图6-13所示。

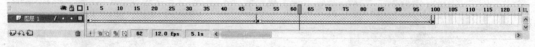

图6-13　时间轴效果

**提示**　读者可以根据个人需求制作雪花的旋转效果，可以将第50帧上关键帧删除，旋转效果会减慢。

**step 08** 执行"插入">"新建元件"命令，设置弹出的"创建新元件"对话框中"类型"为"影片剪辑"，"名称"为"move"，如图6-14所示。将元件"move雪花"从"库"面板中拖入场景中，并调整位置，如图6-15所示。

图6-14 创建新元件

图6-15 将元件拖入场景中

**step 08** 将元件"move雪花"从"库"面板中拖入场景中，使用"任意变形"工具调整其大小，如图6-16所示，并修改其"属性"面板上"颜色"样式下的Alpha值为50%，效果如图6-17所示。

图6-16 将元件拖入场景并调整其大小

图6-17 设置Alpha值

**step 10** 用同样的方法多次将元件"雪花"拖入场景中，并调整大小和透明度，效果如图6-18所示。执行"插入"＞"新建元件"命令，新建一个"影片剪辑"元件，并命名为"snow"，如图6-19所示。

图6-18 调整元件的大小和透明度

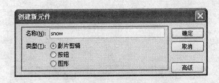

图6-19 新建元件

**step 11** 单击"椭圆"工具按钮，设置"混色器"面板如图6-20所示，将填充色设置为从白色到透明的放射状渐变。在场景中绘制一个30px×30px的圆形，如图6-21所示。

图6-20 "混色器"面板

图6-21 绘制图形的效果

**step 12** 单击时间轴第29帧位置，按【F6】键插入关键帧。修改"属性"面板上Alpha值为0%，并将图形向下移动100px，设置第1帧"属性"面板上"补间类型"为"动画"。时间轴效果如图6-22所示。新建"图层2"，单击时间轴第30帧位置，按【F6】键插入关键帧，在"动作-帧"面板中输入以下代码：

```
this.removeMovieClip();
stop ();
```

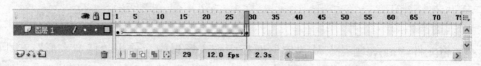

图6-22　时间轴效果

时间轴效果如图6-23所示。

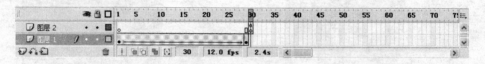

图6-23　时间轴效果

**step 13** 执行"插入">"新建元件"命令，新建一个"按钮"元件，并命名为"向上按钮"，如图6-24所示。单击时间轴上"弹起"帧，单击"椭圆"工具，设置"混色器"面板如图6-25所示。将"填充色"设置为从#C7D6B9到#6D929A的放射状渐变。

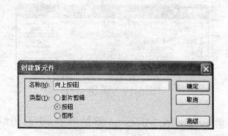

图6-24　创建按钮元件

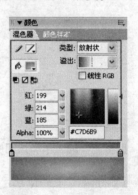

图6-25　"混色器"面板

**step 14** 在场景中绘制一个23.7px×23.7px的圆形，效果如图6-26所示。单击"多角星形"工具[1]，单击其"属性"面板上"选项"按钮，设置弹出的"工具设置"对话框如图6-27所示。

图6-26　绘制圆形的效果

图6-27　"工具设置"对话框

---

[1]"多角星形"工具："多角星形"工具⬡与"矩形"工具▭位于同一个工具组中。使用"多角星形"工具可以绘制多边形和星形。

**step 16** 设置"填充色"为#CC3366，在场景中绘制一个如图6-28所示的三角形。设置"混色器"面板如图6-29所示，将"填充色"设置为从#F9EE66到#EE7822的放射状渐变。

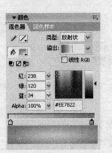

图6-28　绘制三角形的效果　　　　　　　　　图6-29　"混色器"面板

**step 16** 使用"多角星形"工具在场景中绘制如图6-30所示图形。单击"刷子"工具，设置"填充色"为白色，在场景中绘制如图6-31所示图形。

图6-30　绘制图形的效果　　　　　　　图6-31　绘制图形并填色的效果

**step 17** 单击"椭圆"工具，设置"填充色"为#8CB0B0，在场景中绘制一个1.5px×1.5px的圆形，效果如图6-32所示。单击"任意变形"工具，调整图形中心点到大圆中心，如图6-33所示。

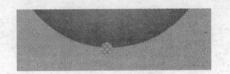

图6-32　绘制圆形的效果　　　　　　　图6-33　调整图形的中心点

**提示**　在调整图形或元件中心点时，常常不能精确调整，原因在于工具箱中的"贴紧至对象"按钮为按下状态，只要弹起按钮，即可精确移动对象位置。

**step 18** 执行"窗口"＞"变形"命令，在打开的"变形"面板中设置"旋转"角度为15度，如图6-34所示。单击"复制并应用变形"按钮，复制图形效果如图6-35所示。

图6-34　"变形"面板　　　　　　　图6-35　复制图形效果

step 19 依次单击时间轴上其他帧，分别按【F6】键插入关键帧，时间轴效果如图6-36所示。采用同样的方法制作向下的元件，并命名为"向下按钮"，效果如图6-37所示。

图6-36　时间轴效果　　　　　　　　　　图6-37　制作向下的元件

step 20 单击"时间轴"面板上的"场景1"标签，返回场景编辑状态。执行"文件">"导入">"导入到舞台"命令，将图像"CD/源文件/第7章/image1.jpg"导入到场景中，并调整位置，如图6-38所示。单击"时间轴"面板上的"插入图层"按钮，新建"图层2"。将元件"move"从"库"面板中拖入场景中，并调整位置如图6-39所示。

图6-38　导入图像后的效果　　　　　　　图6-39　拖入元件到场景中

step 21 新建"图层3"，单击"文本"工具，在场景中输入如图6-40所示文本。并执行"修改">"分离"命令两次，将文本转换为图形，如图6-41所示。

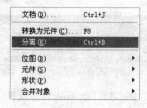

图6-40　输入文本后的效果　　　　　　　图6-41　将文本转换为图形

step 22 选中文本图形，设置"混色器"面板上Alpha值为50%，如图6-42所示。填充文本效果如图6-43所示。

图6-42　"混色器"面板　　　　　　　　图6-43　填充文本后的效果

step 23 选中文本图形，执行"编辑">"复制"命令。单击"时间轴"面板上的"插入图层"按钮，新建"图层4"。执行"编辑">"粘贴到当前位置"命令，如图6-44所示。将图形粘贴到当前位置，修改"填充色"为白色，并调整位置如图6-45所示。

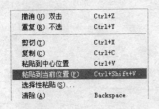

图6-44　选择菜单命令　　　　　　　　图6-45　调整文本颜色和位置后的效果

step 24 单击"时间轴"面板上的"插入图层"按钮，新建"图层5"。单击"文本"工具，设置"文本类型"为"动态文本"，在场景中创建一个输入文本框，设置"变量"为"to"，"属性"面板设置如图6-46所示，效果如图6-47所示。

图6-46　"属性"面板设置

图6-47　设置属性后的效果

step 25 采用同样的方法制作另一个动态文本框，设置其"变量"为"message11"，效果如图6-48所示，"属性"面板设置如图6-49所示。

图6-48　制作另一个动态　　　　　　　图6-49　"属性"面板设置
　　　　　文本框的效果

提示　　Flash中的文本变量的内容可以通过外部文件调入场景中，这样可以使贺卡呈现不同的内容。

step 26 将元件"向上按钮"和"向下按钮"从"库"面板中拖入场景中，效果如图6-50所示。单击元件"向上按钮"，执行"窗口">"动作"命令，在弹出的"动作-帧"面板中输入以下代码：

```
on (release) {
    message11.scroll = message11.scroll-1;
}
```

单击元件"向下按钮"，在"动作-帧"面板中输入以下代码：

```
on (release) {
    message11.scroll = message11.scroll+1;
}
```

step 27 单击"时间轴"面板上的"插入图层"按钮，新建"图层6"。在"动作-帧"面板中输入以下代码：

```
to="我亲爱的朋友"
message11 ="2006就要轻轻地走了\r\n带走了悲伤\r\n带走了烦闷\r\n2007悄悄地来了\r\n带来了幸福\r\n带来了快乐\r\n还带来了我对你\r\n最真挚的祝福\r\n新年快乐"
```

提示　这里代码的主要用途是为文本变量赋值，其中的"\r\n"是换行命令，文本在显示时会自动换行。

step 28 单击"时间轴"面板上的"插入图层"按钮，新建"图层6"。将元件"snow"从"库"面板中拖入场景中，如图6-51所示，修改其"属性"面板上"实例名称"为"zpo"，如图6-52所示。

图6-50　将元件拖入场景中　　　图6-51　将元件拖入场景中　　　图6-52　"属性"面板设置

在"动作-帧"面板中输入以下代码：

```
_root.tnum = 1;
zpo.onEnterFrame = function ()
{
    var _loc1 = _root;
    var _loc2 = this;
    _loc2._x = Math.random() * 998;
    _loc2._y = Math.random() * 300;
    _loc2.duplicateMovieClip("star" + _loc1.tnum, _loc1.tnum);
    _loc2.rnum = Math.random() * 100 + 10;
    _loc1["star" + _loc1.tnum]._xscale = _loc2.rnum;
    _loc1["star" + _loc1.tnum]._yscale = _loc2.rnum;
```

```
        ++_loc1.tnum;
    };
```

**step 28** 执行"文件">"保存"命令，保存文件，完成动画的制作。同时按下键盘上的
【Ctrl+Enter】键测试动画，效果如图6-53所示。

图6-53 动画测试效果

## 设计说明

　　节日贺卡具有其特有的特点，那就是温馨和祝福。本例制作的是祝贺冬天来临的贺卡，
注意不同的节日使用不同的要素来表现。

　　颜色应用：

　　本例要注意主色调的运用，冬季贺卡可以使用浅蓝色突出特点，再配合特有的雪花飘落
动画营造冬季效果。

　　动画应用：

　　本例中使用了Flash的基本动画类型制作各种元件，并且通过脚本代码制作雪花飞舞的效
果。

## 知识点总结

　　本例主要运用了"多角星形"工具和"变形"面板。

### 1. "多角星形"工具

　　单击"矩形"工具图标并按住鼠标不放，在弹出的工具组中选择"多角星形"工具。 在
"属性"面板中设置填充色与笔触颜色、高度及样式，单击"选项"按钮打开如图6-54所示
的"工具设置"对话框，在其中可设置所绘图形的样式以及相应的参数值。

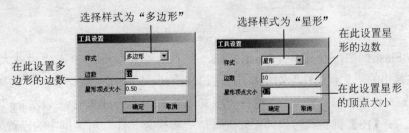

图6-54 "工具设置"对话框

"星形顶点大小"选项是星形特有的设置，对多边形不起作用，所以在设置多边形时不用管它。在"星形顶点大小"文本框中只能输入0～1之间的数值。

在绘制过程中，通过向不同方向移动鼠标可以任意旋转多边形或星形，如图6-55（左）所示；若按住【Shift】键，则以固定角度旋转多边形或星形，如图6-55（右）所示。

图6-55　旋转多边形或星形

### 2. "变形"面板

若要精确设置对象的缩放比例、旋转角度或倾斜角度，可选中对象后，选择"窗口">"设计面板">"变形"命令，打开"变形"面板进行设置，如图6-56所示。

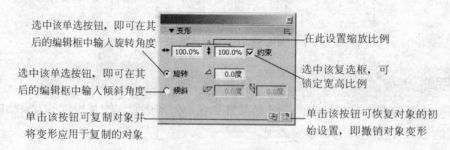

图6-56　"变形"面板

## 拓展训练

本例将制作一个电子贺卡，效果如图6-57所示。本例综合运用了运动补间动画和形状补间动画，由于本例中所包含的动画类型比较多，所以一定要注意安排好各段动画的时间长度。

图6-57　最终效果图

step 01 启动Flash程序，新建一个Flash文档，在"属性"面板中单击"尺寸大小"按钮 550×400 像素 ，在弹出的"文档属性"对话框中设置文档的尺寸为1024px×768px。选择"文件">"导入">"导入到舞台"菜单命令，选择"源文件与素材\实例11\素材\雪景左.jpg"图片，将其导入到舞台，按【F8】键将其转换为图形元件，"转换为元件"对话框中的设置如图6-58所示，完成后将舞台中的元件删除。然后使用同样的方法，在舞台中导入"源文件与素材\实例

11\素材\雪景右.jpg"图片，将其转换为图形元件，"转换为元件"对话框的设置如图6-59所示，完成后将舞台中的元件删除。

图6-58 "转换为元件"对话框的设置　　　　图6-59 "转换为元件"对话框的设置

**step 02** 在舞台中导入"源文件与素材\实例11\素材\封面左.jpg"图片，将其转换为名为"贺卡封面"的图形元件，如图6-60所示，完成后将舞台中的元件删除。然后选择"插入">"插入元件"菜单命令，在弹出的对话框中进行如图6-61所示的设置，完成后单击"确定"按钮，进入元件编辑模式。

图6-60 将图片转换为元件　　　　　　　　图6-61 "创建新元件"对话框

**step 03** 绘制一个如图6-62所示的圆形并删除其轮廓线，在"颜色"面板中设置从黄色（#F3B11B）到透明的放射状渐变，如图6-63所示。

图6-62 绘制出的圆形　　　　　　　　　　图6-63 "颜色"面板中的设置

**step 04** 使用"颜料桶"工具为刚绘制的圆形填充渐变效果，如图6-64所示。然后在绘制的圆形的中心再绘制一个圆形，再在"颜色"面板中设置从亮黄色到黄色的放射状渐变，如图6-65所示。

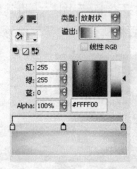

图6-64 填充渐变后的效果　　　　　　　图6-65 "颜色"调板中的设置

**step 05** 使用"颜料桶"工具为刚绘制的圆形填充渐变效果，并适当调整渐变的位置，结果如图6-66所示。至此，月亮就绘制完成了，最终效果如图6-67所示。

图6-66 调整渐变的效果　　　　　　　图6-67 绘制完成的月亮效果

**step 06** 回到主场景中，使用前面所讲的方法，将"源文件与素材\实例11\素材\铃铛.fla"图片和"源文件与素材\实例11\素材\风车.fla"图片导入到库中。在库中选择"雪景右"图形元件，将其拖动到场景中，适当调整其位置如图6-68所示。然后新建"图层 2"，再在库中选择"雪景左"图形元件，将其拖动到场景中并调整其位置如图6-69所示。

图6-68 "雪景右"图形元件的位置　　　　　图6-69 "雪景左"图形元件的位置

**step 07** 新建"图层 3"，在库中选择"贺卡封面"图形元件，将其拖动到场景中，适当调整其位置如图6-70所示。然后新建"图层 4"，再在库中选择"铃铛"图形元件，将其拖动到场景中并调整其位置和大小如图6-71所示，最后在"图层 1"之上新建"图层 5"，将风车调整到风车房处。

**step 08** 为了便于操作，暂时将"图层 2"设置为不可见，在"图层 4"中的第5帧、第10帧和第15帧处分别插入关键帧，完成后在第7帧处插入关键帧，使用"任意变形"工具将铃铛进行如图6-72所示的旋转，复制该帧将其在第13帧处进行粘贴，完成后在各关键帧之间创建补间动画，制作出铃铛摇摆的动画效果。在"图层 4"中选择第15帧，复制"铃铛"元件，然后选择"图层 3"中的第15帧，插入关键帧并将元件进行粘贴后调整到原来的位置，结果如图6-73所示。

图6-70 "贺卡封面"图形元件的位置

图6-71 "铃铛"图形元件的位置

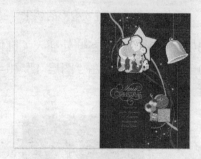

图6-72 将图形进行旋转

图6-73 复制图形元件

step 08 在"图层 3"中的第16帧处插入关键帧，使用"任意变形"将图形元件进行如图6-74所示的变形。然后在第17帧处插入关键帧，将图形元件进行如图6-75所示的变形。

图6-74 第16帧变形的效果

图6-75 第17帧变形的效果

step 10 在"图层 3"中的第18帧处插入关键帧，使用"任意变形"将图形元件进行如图6-76所示的变形。然后在第19帧处插入关键帧，将图形元件进行如图6-77所示的变形。

图6-76 第18帧变形的效果

图6-77 第19帧变形的效果

step 11 在第20帧处插入关键帧，将图形元件进行如图6-78所示的变形。然后将"图层 2"设为可见，选择其中的帧将其拖动到第21帧处，让其在第21帧处开始显示，在第26帧处插入关键帧，再次选择第21帧，使用"任意变形"将图形元件进行如图6-79所示的变形。

图6-78　第20帧变形的效果　　　　　　　　图6-79　第21帧变形的效果

**step 12** 使用前面所讲的方法，分别在第22帧、第23帧、第24帧、第25帧处插入关键帧，并且适当调整元件的形状，各帧处的元件形状如图6-80至图6-83所示。在"图层 1"和"图层2"的第120帧处插入空白帧，使这两个图层中的元件一直显示。

图6-80　第22帧变形的效果　　　　　　　　图6-81　第23帧变形的效果

图6-82　第24帧变形的效果　　　　　　　　图6-83　第25帧变形的效果

**step 13** 在所有图层的上面新建"图层 6"，使用"矩形"工具在场景中绘制一个和场景同等大小的白色无轮廓线的矩形，如图6-84所示。然后将其转换为图形元件，在"属性"面板中设置Alpha值为0%，将其修改为全透明，完成后在第32帧处插入关键帧，设置Alpha值为50%，如图6-85所示。将第30帧处的关键帧分别复制到第34帧和第38帧处，将第32帧处的关键帧复制到第36帧处，完成后在各关键帧之间创建补间动画。

**step 14** 选择"图层 5"中的第40帧，插入一个关键帧，再选择第120帧，也插入一个关键帧，在"变形"面板中设置"旋转"为-85，结果如图6-86所示，完成后在这两个关键帧之间创建补间动画。然后新建"图层 7"，在第40帧插入关键帧，将库中的"月亮"图形元件拖动到场景中，并调整到如图6-87所示的位置。

**step 15** 在"图层 7"的第80帧插入关键帧，将"月亮"图形元件移动到如图6-88所示的位置。

然后新建"图层 8"，在第40帧插入关键帧，在小屋的窗口处绘制矩形，并填充黄色（#FFFF00），如图6-89所示。

图6-84 绘制出的矩形

图6-85 调整透明度后的效果

图6-86 将图形旋转

图6-87 调整元件的位置

图6-88 调整元件的位置

图6-89 绘制出的矩形

step 16 新建"图层 9"，在第80帧插入关键帧，将"源文件与素材\实例11\素材\圣诞老人.fla"图片导入到库中，然后拖入到场景中，对其进行适当的旋转并调整到如图6-90所示的位置。然后在第100帧插入关键帧，将元件移动到如图4-91所示的位置，完成后在两个关键帧之间创建补间动画。

图6-90 调整元件的位置和旋转

图6-91 调整元件的位置

step 17 新建"图层 10"，在第90帧插入关键帧，选择"文本"工具T，在工作区中输入如图6-92所示文字。连续按两次【Ctrl+B】组合键将文字打散，然后设置笔触颜色为黄色

（#FFFF00），选择"墨水瓶"工具 🖋，在文字的轮廓处单击为其添加轮廓线，完成后选择该轮廓线在"属性"面板中设置"笔触高度"为3，结果如图6-93所示。然后选择"修改" > "形状" > "将线条转换为填充"菜单命令将轮廓线转换为图形。在第100帧处插入一个关键帧，然后将第90帧处的图形缩小为原来的10%，完成后在这两个关键帧之间创建补间形状。

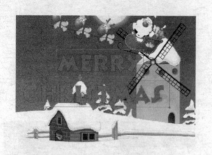

图6-92　创建出的文字

图6-93　添加轮廓线后的效果

**step 18** 在第103帧处插入关键帧，选择上一步中刚转换生成的填充图形，选择"修改" > "形状" > "柔化填充边缘"菜单命令，如图6-94所示。在弹出的对话框中进行如图6-95所示的设置。

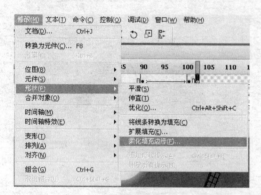

图6-94　选择"柔化填充边缘"菜单命令

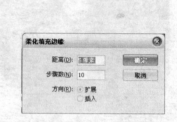

图6-95　对话框中的设置

**step 19** 单击"确定"按钮，将图形进行柔化填充边缘操作，结果如图6-96所示。然后将该关键帧进行复制，分别在第105帧和第107帧处进行粘贴，完成后再将第100帧处的关键帧进行复制，分别在第104帧、第106帧和第108帧处进行粘贴。至此，整个动画就全部创建完成，测试动画效果如图6-97所示。

图6-96　柔化填充边缘后的效果

图6-97　动画测试效果

## 职业快餐

随着网络的不断发展，用**Flash**制作动画贺卡已经逐步取代了纸质的贺卡，成为人们传送感情的一种时尚的形式。下面详细讲解一下**Flash**动画贺卡的设计与制作的相关知识。

1. 贺卡设计制作的原则

创意原则：标新立异、和谐统一、震撼心灵，同时应注意国家、民族和宗教等禁忌。

技法原则：制作贺卡有很多技法，如变异法、取代替换法。

色彩原则：贺卡制作中的色彩要符合主题所需要的色彩，如节日贺卡尽量选择温馨的颜色等。一定要特征鲜明，令人看后过目不忘。

动画原则：贺卡制作中，不必采用过于复杂的动画类型，关键是使用文本的动画突出主题即可。

脚本原则：贺卡制作中，使用的脚本语言也较简单，只是一些基本语句。

2. 贺卡设计制作的分类

节日贺卡：一般应用于各种节日，制作一般较为眩目、色彩较为鲜明，突出节日的气氛，如春节贺卡、圣诞贺卡，如图6-98所示。

图6-98 节日类贺卡

生日贺卡：一般应用于祝贺生日时，其中包括针对个人的或者针对企业的，制作上要突出个人特征，也可以制作得较为个性，如图6-99所示。

图6-99 生日类贺卡

爱情贺卡：此类贺卡为特用贺卡，只有在需要表达爱情的时候才会使用，所以制作时要突出爱情的元素，如图6-100所示。

温馨贺卡：此类贺卡不一定要应用于特定时间，一般作为表达个人的情感的一种手段。制作上要尽量简介，不要有特别重的节日气氛，如图6-101所示。

图6-100　爱情类贺卡

图6-101　温馨类贺卡

祝福贺卡：一般是为了祝福使用的贺卡，所以在制作上要突出喜庆的特点，在色彩和动画类型上都可以相对丰富，如图6-102所示。

图6-102　祝福类贺卡

### 3. 贺卡设计制作的表现形式

制作Flash贺卡最重要的是创意而不是技术，由于贺卡的特殊性，情节非常简单，动画也很简短，一般仅仅只有几秒种，不像MTV与动画短片有一条很完整的故事线，设计者一定要在很短的时间内表达出意图，并且要给人留下深刻的印象。要在很有限的时间内表达出主题，并把气氛烘托起来，建议读者多看看成功的作品，多从创作者的角度思考问题，才能快速地提高设计制作水平。

## 实例12

## 生日贺卡

素材路径：源文件与素材\实例12\素材
源文件路径：源文件与素材\实例12\
生日贺卡.fla

实例效果图12

### 情景再现

今天下午突然想起来，今天是我一个老客户的生日，也不知道给他送给什么样的礼物，而且时间也太紧张了，就算买了今天也送不到了（这个客户在外地），如果是忘了还有情可缘，关键是现在想起来了，怎么办呢？我突然灵机一动，不如给他做个电子生日贺卡吧，这样既有创意，又显得亲切。就这么定了，抓紧做吧。

### 任务分析

- 绘制素材。
- 输入文字。
- 添加背景音乐。
- 编写代码。
- 测试动画，完成制作。

### 流程设计

在制作时，我们使用软件自带的绘制工具绘制出所用的素材和背景，并输入文字，然后为素材和文字添加动画，并为作品添加背景音乐。最后测试动画，完成整个作品的制作。

实例流程设计图12

## 任务实现

图6-103 "文档属性"对话框的设置

**step 01** 执行"文件">"新建"命令，新建一个Flash文档。单击"属性"面板上的"尺寸大小"按钮 `550 x 400 像素`，在弹出的"文档属性"对话框设置"尺寸"为400px×300px，"帧频"设置为12fps，其他设置如图6-103所示。

**step 02** 执行"插入">"新建元件"命令，设置弹出的"创建新元件"对话框中"类型"为"图形"，"名称"为"娃娃"，如图6-104所示。单击"刷子"工具，设置"填充色"为#F74373，在场景中绘制如图6-105所示图形。

图6-104 创建新元件

图6-105 绘制图形

**step 03** 单击"颜料桶"工具，设置"填充色"为#F7C1D4，为图形填色，效果如图6-106所示。设置"填充色"为#FA9FB0，使用"刷子"工具为图形添加阴影效果，如图6-107所示。

图6-106 填色后的效果

图6-107 添加阴影效果

**step 04** 单击"时间轴"面板上的"插入图层"按钮，新建"图层2"。拖动到"图层1"下方，单击"钢笔"工具，设置"填充色"为#F08986，绘制如图6-108所示图形。新建"图层3"，单击"椭圆"工具，在场景中绘制如图6-109所示图形。

图6-108 绘制图形

图6-109 绘制图形

**step 05** 单击"时间轴"面板上的"插入图层"按钮，新建"图层4"。拖动到"图层1"下方。单击"钢笔"工具，设置"填充色"为#FF9400，在场景中绘制如图6-110所示图形。继续使用"钢笔工具"绘制如图6-111所示图形。

图6-110 绘制图形

图6-111 继续绘制图形

**step 06** 采用同样的方法制作如图6-112所示图形。单击"时间轴"面板上的"插入图层"按钮，新建"图层5"。并拖动到"图层1"下方，单击"椭圆"工具，设置"填充色"为#FF9400，在场景中绘制如图6-113所示图形。

图6-112 绘制图形

图6-113 绘制图形

**step 07** 执行"编辑">"直接复制"命令，如图6-114所示。复制图形并修改其"填充色"为#FEE88D。单击"任意变形"工具，调整图形大小如图6-115所示。

| | |
|---|---|
| 撤消 (U) 更改选择 | Ctrl+Z |
| 重复 (R) 不选 | Ctrl+Y |
| 剪切 (T) | Ctrl+X |
| 复制 (C) | Ctrl+C |
| 粘贴到中心位置 | Ctrl+V |
| 粘贴到当前位置 (P) | Ctrl+Shift+V |
| 选择性粘贴 (S)… | |
| 清除 (A) | Backspace |
| 直接复制 (D) | Ctrl+D |
| 全选 (L) | Ctrl+A |
| 取消全选 (E) | Ctrl+Shift+A |

图6-114 选择菜单命令

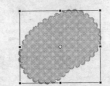

图6-115 调整图形后的效果

**step 08** 单击"套索"工具[2]，选中如图6-116所示区域，并修改其"填充色"为#FED16A。单击"刷子"工具，绘制如图6-117所示图形。

图6-116 选择图像

图6-117 擦除图像

**step 09** 单击"钢笔"工具，设置"填充色"为#FA1B35，在场景中绘制如图6-118所示图形。设置"填充色"为黑色，在场景中绘制如图6-119所示图形。

---

[2] "套索"工具：使用"套索"工具可以选取任意形状的区域。只需使用"套索"工具在舞台中单击并拖动鼠标画出一个区域，区域内的对象即被选取。

step 10 单击"椭圆"工具，设置"填充色"为#FF0000，在场景中绘制一个椭圆，并调整大小和位置如图6-120所示。用同样的方法制作另一个椭圆，效果如图6-121所示。

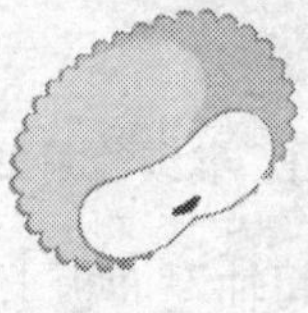

图6-118　绘制出的嘴唇

图6-119　绘制出的眼睛

图6-120　绘制出的脸颊

图6-121　绘制出的脸颊

step 11 选中"图层5"上所有图形，调整位置如图6-122所示。单击"时间轴"面板上的"插入图层"按钮，新建"图层6"，拖动到"图层5"下方，单击"钢笔"工具，设置"填充色"为#FF9400，在场景中绘制如图6-123所示图形。

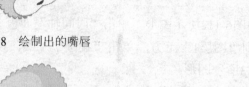

图6-122　调整位置

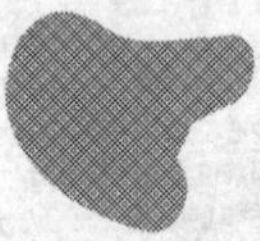

图6-123　绘制出的身体

step 12 单击"钢笔"工具，设置"填充色"为白色，在场景中绘制如图6-124所示图形。设置"填充色"为#FFF5C5，在场景中绘制如图6-125所示图形。

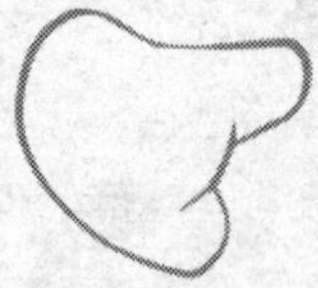

图6-124　绘制图形

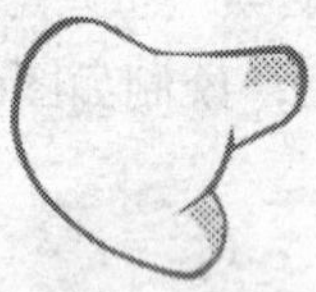

图6-125　绘制图形

step 13 用同样的方法绘制其他图形，效果如图6-126所示。单击"钢笔"工具，设置"填充色"为#F2F0C3，在场景中绘制如图6-127所示图形。

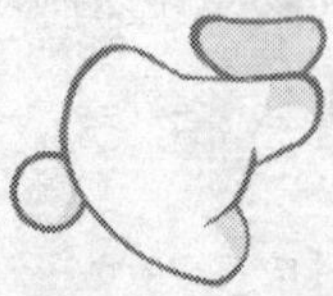

图6-126　绘制图形

图6-127　继续绘制图形

**step 14** 选中"图层6"上所有图形，调整位置如图6-128所示。单击"时间轴"面板上的"插入图层"按钮，新建"图层7"。单击"钢笔"工具，设置"填充色"为#F88B18，在场景中绘制如图6-129所示图形。

图6-128 调整位置　　　　　　　　　　　　　图6-129 绘制图形

**step 15** 执行"编辑">"直接复制"命令[3]，修改复制图形的"填充色"为F3BB12，使用"任意变形"工具调整大小和位置如图6-130所示。用同样的方法，修改"填充色"为#F9ED1C，绘制如图6-131所示图形。

图6-130 调整图形后的效果　　　　　　　　　图6-131 继续绘制图形

**step 16** 单击"刷子"工具，设置"填充色"为白色，在场景中绘制图形，效果如图6-132所示。设置"填充色"为#F9ED1C，在场景中绘制如图6-133所示图形。

图6-132 绘制图形　　　　　　　　　　　　　图6-133 继续绘制图形

**step 17** 单击"钢笔"工具，设置"填充色"为#703923，在场景中绘制如图6-134所示图形。选中"图层7"上所有图形，调整位置到如图6-135所示的位置。

图6-134 绘制图形　　　　　　　　　　　　　图6-135 调整位置

**step 18** 用同样的方法制作其他图形元件，并分别命名为"娃娃1"和"娃娃2"，效果如图6-136所示。

提示　通过Flash中的各种工具可以完成动画中需要的各种图形，由于篇幅关系，以下用到的图形元件将不再详细介绍制作过程，具体方法读者可参考源文件。

---

[3] "直接复制"命令：选择该命令可以直接将选择的对象进行复制。

图6-136　其他元件效果

**step 19** 执行"插入">"新建元件"命令，新建一个"影片剪辑"元件，并命名为"光环"，如图6-137所示。单击"椭圆"工具，设置"填充色"为#FF6699，在场景中绘制一个242px×242px的圆形，效果如图6-138所示。

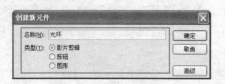 

图6-137　创建新元件　　　　　　　　　图6-138　绘制圆形效果

**step 20** 单击"椭圆"工具，设置"填充色"为白色，在场景中绘制一个203px×203px的圆形，效果如图6-139所示。按键盘上的【Del】键删除填充，得到一个环形。

图6-139　绘制圆形以及调整环形效果

**step 21** 单击"时间轴"面板第7帧位置，按【F6】键插入关键帧，使用"任意变形"工具调整图形大小如图6-140所示。单击"时间轴"面板上第10帧位置，按【F6】键插入关键帧，修改"填充色"的Alpha值为0%，如图6-141所示。

图6-140　调整图形后的效果　　　　　　图6-141　修改填充色的Alpha值

**step 22** 分别设置时间轴第1帧和第7帧上"补间类型"为"形状"，时间轴效果如图6-142所示。用同样的方法制作另一个光环动画，时间轴效果如图6-143所示。

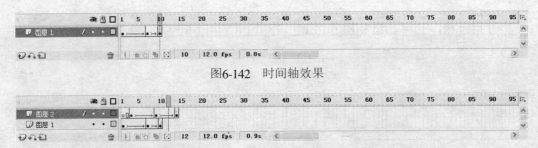

图6-142　时间轴效果

图6-143　时间轴效果

step 23 单击"时间轴"面板上的"场景1"文字，返回场景编辑状态。单击"矩形"工具，设置"混色器"面板如图6-144所示。将"填充色"设置为从#FF6699到白色的渐变。在场景中绘制一个402px×301px的矩形，效果如图6-145所示。

图6-144　"混色器"面板

图6-145　绘制矩形效果

step 24 单击"时间轴"面板上的"插入图层"按钮，新建"图层2"。将元件"娃娃1"从"库"面板中拖入到场景中，调整位置到如图6-146所示。单击"时间轴"面板上的"添加运动引导层"按钮，新建引导层，单击"铅笔"工具，在场景中绘制如图6-147所示路径。

图6-146　拖入元件并调整位置

图6-147　绘制路径

step 25 单击"图层1"第83帧位置，按【F5】键插入帧。单击"引导层：图层1"第25帧位置，按【F5】键插入帧，时间轴效果如图6-148所示。单击"图层2"第20帧位置，调整元件到如图6-149所示位置。

step 26 单击"图层2"第25帧位置，调整元件到如图6-150所示位置。并分别设置第1帧和第25帧上"补间类型"为"动画"，时间轴效果如图6-151所示。

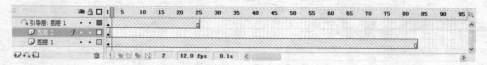

图6-148　时间轴效果

图6-149　调整元件位置

图6-150　调整元件位置

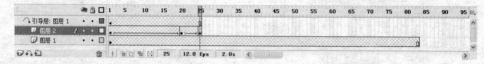

图6-151　时间轴效果

图6-152　制作元件路径动画

step27 用同样的方法制作另一个元件的路径跟随动画，效果如图6-152所示，时间轴效果如图6-153所示。

step28 单击"时间轴"面板上的"插入图层"按钮，新建"图层4"。将元件"娃娃"从"库"面板中拖入到场景中，并调整到如图6-154所示位置。单击时间轴第25帧位置，按【F6】键插入关键帧，将元件移动到如图6-155所示位置。

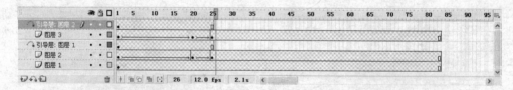

图6-153　时间轴效果

图6-154　拖入元件并调整位置

图6-155　调整元件位置

step 29 设置"图层4"上第1帧的"补间类型"为"动画",时间轴效果如图6-156所示。

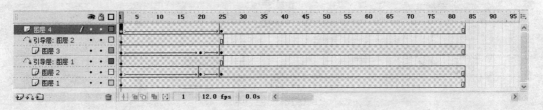

图6-156 时间轴效果

step 30 单击"时间轴"面板上的"插入图层"按钮,新建"图层5"。单击第30帧位置,按【F6】键插入关键帧,执行"文件">"打开"命令,将文件"CD/源文件/第7章/素材.fla"打开。执行"文件">"库"命令,打开如图6-157所示的"库"面板。在库列表中选择文件"素材",将元件"logo"从"库"面板中拖入到场景中,效果如图6-158所示。

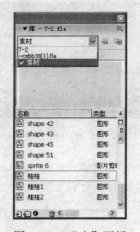

图6-157 "库"面板

图6-158 拖入元件到场景中

step 31 单击"图层5"第35帧位置,按【F6】键插入关键帧,使用"任意变形"工具调整元件位置到如图6-159所示。单击第40帧位置,按【F6】键插入关键帧,使用"任意变形"工具调整元件大小如图6-160所示。

图6-159 调整元件位置后的效果

图6-160 调整元件大小后的效果

step 32 分别设置"图层5"上第30帧和第35帧的"补间类型"为"动画",时间轴效果如图6-161所示。单击"时间轴"面板上的"插入图层"按钮,新建"图层6"。单击时间轴上第33帧位置,按【F6】键插入关键帧,将元件"光环"从"库"面板中拖入到场景中,并调整位置到如图6-162所示。

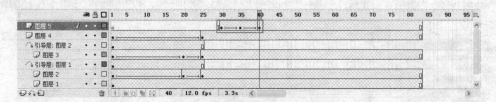

图6-161　时间轴效果

step 33 单击"时间轴"面板上的"插入图层"按钮，新建"图层7"。单击时间轴第84帧位置，按【F6】键插入关键帧。单击"矩形"工具，设置"填充色"为黑色，在场景中绘制一个400px×300px的矩形，效果如图6-163所示。单击时间轴第304帧位置，按【F5】键插入帧，时间轴效果如图6-164所示。

图6-162　拖入元件并调整位置

图6-163　绘制矩形效果

图6-164　时间轴效果

step 34 单击"时间轴"面板上的"插入图层"按钮，新建"图层8"。单击时间轴第84帧位置，将元件"蛋糕"从文件"素材"的"库"面板中拖入到场景中，并调整位置如图6-165所示。新建"图层9"，单击"矩形"工具，设置"填充色"为黑色，在场景中绘制一个400px×300px的矩形，效果如图6-166所示。

图6-165　拖入元件到场景中

图6-166　绘制矩形效果

**step 25** 单击"图层9"第105帧位置，按【F6】键插入关键帧。设置"混色器"面板如图6-167所示，将"填充色"设置为从透明到黑色的放射状渐变，填充效果如图6-168所示。

图6-167 设置"混色器"面板      图6-168 填充后的效果

**step 26** 设置"图层9"上第84帧的"补间类型"为"形状，时间轴效果如图6-169所示，效果如图6-170所示。

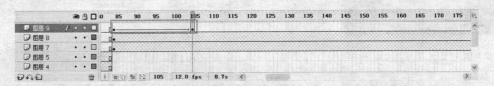

图6-169 时间轴效果

**step 27** 依次单击"图层8"上第150帧和第160帧位置，分别按【F6】键插入关键帧。修改第160帧上元件"属性"面板的Alpha值为0%，如图6-171所示。并设置第150帧上"补间类型"为"动画"，时间轴效果如图6-172所示。

图6-170 调整后的效果      图6-171 设置Alpha值为0%

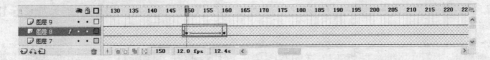

图6-172 时间轴效果

**step 28** 依次单击"图层8"上第250帧和第260帧位置，分别按【F6】键插入关键帧。修改第260帧上元件"属性"面板的Alpha值为100%，如图6-173示。并设置第250帧上"补间类型"为"动画，时间轴效果如图6-174所示。

图6-173　设置Alpha值
　　　　　 为100%

图6-174　时间轴效果

**step 39** 单击"时间轴"面板上的"插入图层"按钮，新建"图层10"。单击第107帧位置，按【F6】键插入关键帧。单击"文本"工具，在场景中输入如图6-175所示的文本，文本"属性"面板设置如图6-176所示。

图6-175　输入文本

图6-176　设置"属性"面板

**step 40** 依次单击"图层10"上第125帧和第126帧位置，分别按【F6】键插入关键帧。选中第126帧上文本，按键盘上的【Del】键删除。单击"文本"工具，在场景中输入如图6-177所示的文本。单击时间轴第149帧位置，按【F6】键插入关键帧，时间轴效果如图6-178所示。

图6-177　再次输入文本

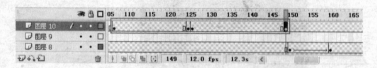

图6-178　时间轴效果

**step 41** 单击"图层10"第150帧位置，按【F6】键插入关键帧，按键盘上的【Del】键删除帧上文本。单击"文本"工具，在场景中输入如图6-179所示文本。时间轴效果如图6-180所示。

**step 42** 单击"时间轴"面板上的"插入图层"按钮，新建"图层11"。单击时间轴上第152帧位置，按【F6】键插入关键帧。将元件"心"从文件"素材"的"库"面板中拖入到场景中，并调整到如图6-181所示位置。单击时间轴第162帧位置，按【F6】键插入关键帧。修改第152帧上元件"属性"面板的Alpha值为0%，并设置"补间类型"为"动画"，时间轴效果如图6-182所示。

图6-179 输入文本

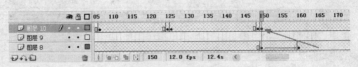

图6-180 时间轴效果

图6-181 拖入元件并调整位置

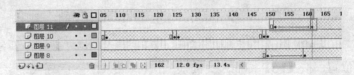

图6-182 时间轴效果

**step 43** 依次单击"图层10"上第181帧和第182帧位置,分别按【F6】键插入关键帧。按键盘上的【Del】键删除帧上文本。单击"文本"工具,在场景中输入如图6-183所示文本。时间轴效果如图6-184所示。

图6-183 输入文本

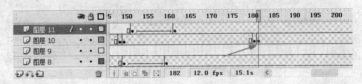

图6-184 时间轴效果

**step 44** 依次单击"图层11"第250帧和第260帧位置,分别按【F6】键插入关键帧。选中第260帧上元件,使用"任意变形"工具调整其大小和位置如图6-185所示。并设置第250帧上"补间类型"为"动画",时间轴效果如图6-186所示。

图6-185 调整元件的大小和位置

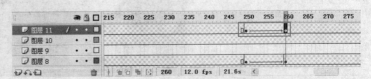

图6-186 时间轴效果

**step 45** 单击"时间轴"面板上的"插入图层"按钮，新建"图层12"。执行"文件">"导入">"导入到舞台"命令，将声音文件"CD/源文件/第7章/sound1.mp3"导入到场景中，时间轴效果如图6-187所示，设置其"属性"面板如图6-188所示。

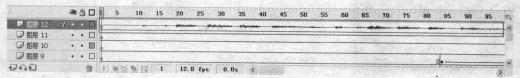

图6-187　时间轴效果

图6-188　"属性"面板

**step 46** 单击"时间轴"面板上的"插入图层"按钮，新建"图层13"。单击时间轴第84帧位置，按【F6】键插入关键帧。执行"文件">"导入">"导入到舞台"命令，将声音文件"CD/源文件/第7章/sound2.mp3"导入到场景中，时间轴效果如图6-189所示，设置其"属性"面板如图6-190所示。

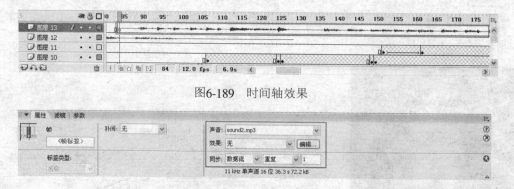

图6-189　时间轴效果

图6-190　"属性"面板

**step 47** 执行"文件">"保存"命令，保存文件，完成动画制作。同时按下键盘上的【Ctrl+Enter】键测试动画，效果如图6-191所示。

图6-191　动画测试效果

## 设计说明

在生日贺卡制作中，个性的元素非常多，在突出生日的主题下，通过丰富的元件和动画来体现。并且可以加入相应的声音效果，以烘托气氛。

颜色应用：

使用Flash制作生日贺卡时，要选择应景的颜色，比如说粉红色、红色和黄色，既效果明显，又可以体现生日的气氛。

动画应用：

在动画制作上，生日贺卡可以使用Flash中的各种动画类型，以突出卡片本身的特点。而且多种动画的结合也可使动画效果更加丰富。

## 知识点总结

本例主要运用了"套索"工具和对象的移动与复制操作。

1. "套索"工具

选择"套索"工具后，其"选项"区如图6-192所示。通过单击其中的按钮，可切换到不同的模式选择对象。

图6-192 "套索"工具的"选项"区

若在"选项"区中不选中任何按钮，可在舞台中单击并拖动选择任意形状的图形。Flash会自动闭合选择区域。

若单击选中"多边形模式"按钮，则在该模式下，将按照鼠标单击所围成的多边形区域进行选择，如图6-193所示。要结束并闭合选择，可双击鼠标左键。

图6-193 多边形模式

若单击选中"魔术棒"按钮，则在该模式下单击对象，将选择与单击处颜色相同或相似的区域，但它只对分离后的位图填充有效，如图6-194所示。

分离打散后的位图

图6-194 魔术棒模式

提示

在魔术棒模式下选取对象时，还可单击"魔术棒属性"按钮，在打开的"魔术棒设置"对话框中设置魔术棒的相关参数，如图6-195所示。

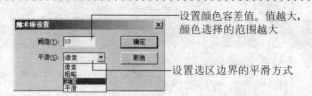

设置颜色容差值。值越大，
颜色选择的范围越大

设置选区边界的平滑方式

图6-195 "魔术棒设置"对话框

### 2. 对象的移动和复制

在Flash中，有时需要在不同的图层、场景或Flash文件之间移动或复制对象。这时应使用复制、剪切和粘贴命令。使用"复制"命令可以复制所选对象，而使用"剪切"命令将清除所选对象，但复制和剪切的对象均被放置在Windows剪贴板上，通过使用"粘贴"命令将它们粘贴到舞台中。

 对象复制到剪贴板中时可以保持原有的属性而不失真，所以它们在其他应用程序中的外观和在Flash中的外观完全一样，这对于包含位图图像、渐变色或透明属性的帧来说具有重要意义。

要通过粘贴来移动或复制对象，只需选中对象后，选择"编辑" > "复制"或"编辑" > "剪切"命令，将对象复制到剪贴板上，然后选择其他图层、场景或文件并执行下列操作之一来粘贴对象：

- 选择"编辑" > "粘贴到中心位置"命令，可将复制或剪切的对象粘贴到舞台的中心。
- 选择"编辑" > "粘贴到当前位置"命令，可将复制或剪切的对象原位粘贴到舞台中。
- 选择"编辑" > "选择性粘贴"命令，打开如图6-196所示的"选择性粘贴"对话框。在"作为"列表框中选择要粘贴的信息类型（如Flash绘画），然后单击"确定"按钮，即可将对象粘贴到舞台中。

选择要粘贴的信息类型。对象
名称取决于创建它的应用程序

指出剪贴板中内
容的名称和位置

选择该单选按钮，可将剪贴
板中的内容粘贴到绘图中

选择该单选按钮，可将剪贴板
中的内容粘贴到舞台中并与源
程序建立链接，以便自动更新

在舞台中将链接
对象显示为图标

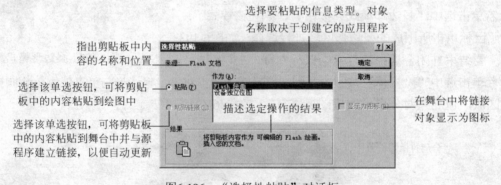

图6-196 "选择性粘贴"对话框

 使用"选择性粘贴"命令可以按照指定的格式粘贴或嵌入剪贴板中的内容，它可以创建一个与其他影片之间的链接信息。

此外，使用下面两种方法，可以不通过粘贴直接在同一图层中复制对象。

使用"选择"工具 拖动对象的同时按住【Alt】键，则在移动到的新位置上会创建对象的一个副本，如图6-197所示。

选中对象后，选择"编辑">"重制"命令或按【Ctrl+D】组合键，可快速错位复制对象，如图6-198所示。在这种情况下，选中全部复制的对象后，通过选择"修改">"时间轴">"分散到图层"命令，可将对象自动分配到不同的图层。然后经过简单调整，即可快速制作一些简单动画。

图6-197 使用"选择"工具▶复制对象

图6-198 快速错位复制对象

## 拓展训练

本例我们将设计制作一个如图6-199所示的音乐贺卡。通过本例的制作，可以让读者掌握声音的添加方法和声音的相关设置方法。

**step 01** 启动Flash程序，新建一个Flash文档，在"属性"面板中单击"尺寸大小"按钮 550 x 400 像素 ，在弹出的"文档属性"对话框中设置文档标题和尺寸，如图6-200所示。选择"插入">"新建元件"菜单命令，在弹出的对话框中进行如图6-201所示的设置，完成后单击"确定"按钮，创建一个影片剪辑元件。

图6-199 实例的最终效果

图6-200 "文档属性"对话框的设置

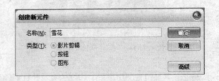

图6-201 新建元件

**step 02** 在场景中绘制一个如图6-202所示的图形，将其转换为图形元件，在第35帧处插入关键帧，将元件垂直向下进行移动，完成后在第55帧处插入关键帧，将元件进行适当的下移，并设置其Alpha值为0%。选择"文件">"导入">"导入到舞台"菜单命令，将"源文件与素材\实例12\素材\贺卡底图.jpg"图像导入到舞台中，适当调整其位置，并将其转换为图形元件，如图6-203所示。

**step 03** 新建"图层 2"，选择"文件">"导入">"导入到舞台"菜单命令，将"源文件与素材\实例12\素材\贺年.jpg"图像导入到舞台中，如图6-204所示。选择"修改">"位图"

>"转换位图为矢量图"菜单命令，在弹出的对话框中进行如图6-205所示的设置，完成后单击"确定"按钮将位图转换为矢量图。

图6-202　绘制出的雪花图形

图6-203　导入的底图

图6-204　导入图像

图6-205　"转换位图为矢量图"对话框

**step 04** 选择"选择"工具，选择红色区域，按【Delete】键将其删除，如图6-206所示，然后将其转换为图形元件，在第45帧处插入关键帧，适当调整元件的大小和位置，效果如图6-207所示。

图6-206　设置图像后的效果

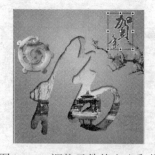

图6-207　调整元件的大小和位置

**step 05** 在第1帧处将元件放大到1000%，如图6-208所示，在第1帧和第45帧之间创建补间动画，完成后选择第1帧将其拖曳到第15帧处。新建"图层3"，选择"文件">"导入">"导入到舞台"菜单命令，将"源文件与素材\实例12\素材\印章01.jpg"图像导入到舞台中，如图6-209所示。

**step 06** 选择"修改">"位图">"转换位图为矢量图"菜单命令，在弹出的对话框中进行如图6-210所示的设置，完成后单击"确定"按钮将位图转换为矢量图。使用"选择"工具，选择红色区域以外的图形，将它们删除，结果如图6-211所示。

**step 07** 适当调整图形的位置和大小，结果如图6-212所示，在"时间轴"面板的第85帧处插入关键帧，然后选择第1帧，将图形放大为1000%，并调整其位置，如图6-213所示，完成后将第1帧拖动到第55帧处，并在第55帧和第85帧之间插入补间形状。

图6-208　放大图形后的效果

图6-209　调整元件的位置

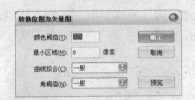

图6-210　"转换位图为矢量图"对话框

图6-211　图形效果

图6-212　调整图形的大小和位置

图6-213　调整图形的大小和位置

step 08 新建"图层4"，在第95帧处插入关键帧，选择"文件">"导入">"导入到舞台"菜单命令，将"源文件与素材\实例12\素材\印章02.jpg"图像导入到舞台中，如图6-214所示。选择"修改">"位图">"转换位图为矢量图"菜单命令，在弹出的对话框中进行如图6-215所示的设置，完成后单击"确定"按钮将位图转换为矢量图。

图6-214　导入的位图

图6-215　"转换位图为矢量图"对话框

step 09 使用"选择"工具，选择红色区域以外的图形，将它们删除，完成后适当调整修改后的图形的大小和位置，如图6-216所示，在第125帧处插入关键帧。在第95帧处将元件放大到1000%，如图6-217所示，在第95帧和第125帧之间创建补间形状。

图6-216　图形调整后的效果

图6-217　图形放大后的效果

**step 10** 新建"图层 5"，在第135帧处插入关键帧，将"雪花"元件拖入到场景中，适当调整其大小和位置，结果如图6-218所示。将"雪花"元件进行多次复制，并插入适当的关键帧，以制作出雪花纷飞的效果，动画的测试效果如图6-219所示。

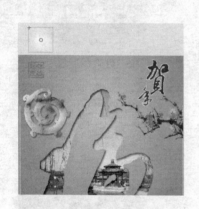

图6-218　调整雪花的位置和大小

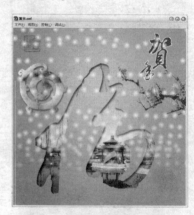

图6-219　动画的测试效果

图6-220　"属性"面板
的设置

**step 11** 最后，我们来为动画添加声音。选择"文件" > "导入" > "导入到库"菜单命令，将"源文件与素材\实例12\素材\sound3.mp3"导入到库中。然后新建图层，将该文件从库中拖入到场景中，在声音图层中的最后一帧处添加一个关键帧，打开"属性"面板，在"声音"下拉列表框中选择相同的声音，并在"同步"下拉列表框中选择"停止"选项，如图6-220所示。这时测试动画，当播放到声音的结束帧时，声音就停止播放了。至此，整个动画就全部制作完成了。

## 职业快餐

Flash动画制作中最重要的就是创意，创意是一部优秀作品的源泉。对于贺卡的制作来说，创意更是重中之重，因为贺卡情节简单、场景单一，不可能堆砌过于丰富的元素，这就要求制作者要精心构思怎样在有限的几秒种内表达主题。常常使用的方法有以下几种：

### 1. 通过通用元素，突出主题

所谓通用元素，就是在人们的生活中由于习惯而代表某种特定含义的元素，例如看到红色就想到喜庆，看到福字就联想到春节，不需要对为什么要送贺卡给对方做过多的说明，只要用两三件道具提示一下就可以得到很好的效果，如图6-221所示。

2. 充分利用已有道具，使用象形处理制作出理想的效果

对于一个富有想象力的设计者，不需要太多的道具也能完成动画设计，比如制作表达爱情的卡片，以红色的心作为背景，如图6-222所示。

图6-221 个性突出的贺卡

图6-222 爱情卡片

3. 极端对比法

在影片的前面大半部分，不遗余力地把气氛烘托到高潮，让每个观众都能想象到将要发生什么，最后的结尾却与人们的想象完全相反。这是Flash动画非常常用的手法。往往能达到出人意料的良好效果，如图6-223所示。

4. 逆向思维，突破传统的束缚，制作不可能发生的故事

在Flash的构思中，大胆地突破传统束缚，制作不可能发生的故事是最令人惊喜的，如图6-224所示。

图6-223 贺卡中的对比效果

图6-224 个性张扬的卡片

5. 其他

要想作品与众不同，就必须有与众不同的构思，可以把几种不同类型的东西结合在一起，也可以古为今用、洋为中用，时代在变，创意的思维也应当改变，多琢磨这个世界，就能制作出精采的作品，如图6-225所示。

图6-225 圣诞贺卡

# Chapter 07

# 第7章 商业广告制作

## 实例13：

### 餐 饮 广 告

素材路径：源文件与素材
\实例13\素材
源文件路径：源文件与素材
\实例13\餐饮广告.fla

实例效果图13

## 情景再现

今天有家餐饮公司给我打电话，让我们帮他们设计一则宣传他们产品的网络广告，要求使用产品的实物照片来吸引观众，广告的动画效果要凸显时尚与温馨的现代元素。广告中需要的所有的素材图片，客户都提供给我们了。接下来我就边浏览照片边构思广告的创意，并按要求处理相关照片效果。

## 任务分析

- 根据创意处理图像。
- 输入相关的文字并添加效果。
- 为素材和文字添加动画。
- 测试动画，完成制作。

## 流程设计

在制作时，首先对素材按照设计要求进行相应的处理，然后输入广告中所需要的文字并添加效果，为素材和文字添加动画特效，最后测试动画，完成制作。

实例流程设计图13

## 任务实现

图7-1　"文档属性"对话框

**step 01** 执行"文件"＞"新建"命令，新建一个Flash文档。单击"属性"面板上的"尺寸大小"按钮，在弹出的"文档属性"对话框设置"尺寸"为1043px×327px，"帧频"设置为22fps，其他设置如图7-1所示。

**step 02** 执行"插入"＞"新建元件"命令，新建元件，设置"类型"为"图形"，名称为"遮罩1"，单击"钢笔"工具，在场景中绘制如图7-2所示图形。

**step 03** 执行"插入"＞"新建元件"命令，新建元件，设置"类型"为"图形"，名称为"遮罩1动画"将"遮罩1"拖入场景中。单击"时间轴"面板上"图层1"第80帧位置，按【F6】键插入关键帧。单击"选择"工具，调整场景中元件的位置，如图7-3所示。

图7-2　图形效果

图7-3　图形效果

**step 04** 单击"图层1"第1帧位置，设置"属性"面板上"补间类型"为"动画"。单击"时间轴"面板上的"插入图层"按钮，新建"图层2"。单击"图层2"第80帧位置，按【F6】键插入关键帧，执行"窗口"＞"动作"命令，打开"动作-帧"面板，输入"stop();"语句。

**step 05** 执行"插入"＞"新建元件"命令，新建元件，设置"类型"为"图形"，名称为"遮罩2"。单击"椭圆"工具，在场景中绘制一个66px×66px的正圆，如图7-4所示。

**step 06** 执行"插入"＞"新建元件"命令，新建元件，设置"类型"为"图形"，名称为"遮罩2动画"，将"遮罩2"拖入场景中，如图7-5所示。

图7-4　图形效果

图7-5　新建元件

**step 07** 单击"时间轴"面板上"图层1"第14帧位置，按【F6】键插入关键帧，单击"选择"工具，调整场景中元件的位置如图7-6所示。

**step 08** 单击"时间轴"面板上"图层1"第23帧位置，按【F6】键插入关键帧，单击"选择"工具，调整场景中元件的位置如图7-7所示。

图7-6 图形效果 图7-7 图形效果

**step 09** 单击"时间轴"面板上"图层1"第30帧，单击"任意变形"工具，调整场景中元件的大小。

**step 10** 分别单击"图层1"第1帧、第14帧和第23帧位置，设置"属性"面板上"补间类型"为"动画"。

**step 11** 执行"插入">"新建元件"命令，新建元件，设置"类型"为"影片剪辑"，名称为"遮罩2组"，依次新建图层，将"遮罩2"元件拖入场景中，如图7-8所示，时间轴效果如图7-9所示。

图7-8 图形效果 图7-9 时间轴效果

**step 12** 执行"插入">"新建元件"命令，新建元件，设置"类型"为"影片剪辑"，名称为"遮罩2组动画"，依次新建图层，将"遮罩2组"元件拖入场景中，如图7-10所示，时间轴效果如图7-11所示。

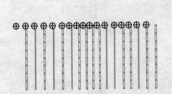

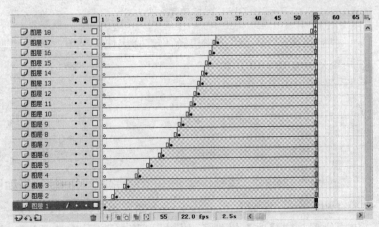

图7-10 图形效果 图7-11 时间轴效果

**step 13** 单击"时间轴"面板上的"场景1"标签，返回主场景。单击"图层1"第1帧位置，执行"文件">"导入">"导入到舞台"命令，将图片"源文件与素材\实例13\素材\image1.jpg"导入场景中，如图7-12所示。单击第520帧位置，按【F5】键插入关键帧。

图7-12 导入图片

**step 14** 单击"时间轴"面板上的"插入图层"按钮，新建"图层2"。单击"图层2"第110帧位置，按【F6】键插入关键帧，将"图形1"元件拖入场景中。

**step 15** 分别单击第219帧和第242帧位置，按【F6】键插入关键帧，单击第242帧位置，选中帧上的元件，设置"属性"面板上的"Alpha"值为"0%"，

**step 16** 分别单击"图层2"第110帧和第219帧位置，设置"属性"面板上"补间类型"为"动画"。

**step 17** 单击"时间轴"面板上的"插入图层"按钮，新建"图层3"，单击"图层3"第1帧位置，将"图形1"元件拖入场景中，设置"属性"面板上的"Alpha"值为"30%"，如图7-13所示。

**step 18** 单击"图层3"第110帧位置，按【F7】键插入空白关键帧，

**step 19** 单击"时间轴"面板上的"插入图层"按钮，新建"图层4"。单击"图层4"第1帧位置，将"遮罩1动画"元件拖入场景中，如图7-14所示。

图7-13 图形效果

图7-14 图形效果

**step 20** 右击"图层4"的图层名称，弹出快捷菜单，选择"遮罩层"[1]选项，如图7-15所示，时间轴效果如图7-16所示。

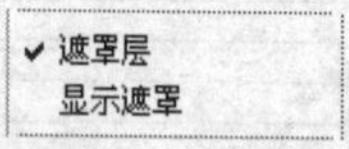

✔ 遮罩层
显示遮罩

图7-15 选择"遮罩层"选项

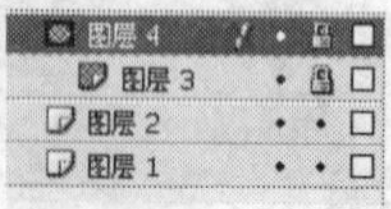

图7-16 时间轴效果

**step 21** 用同样的方法制作其他图层的动画，时间轴效果如图7-17所示。

**step 22** 单击"时间轴"面板上的"插入图层"按钮，新建"图层14"。单击"图层14"第110帧位置，按【F6】键插入关键帧，将"文字2"元件拖入场景中如图7-18所示。

**step 23** 单击第241帧位置，按【F6】键插入关键帧，单击第126帧位置，按【F6】键插入关键帧，调整元件的位置，单击第217帧位置，按【F6】键插入关键帧，如图7-19所示。

---

[1]遮罩层：在Flash中，使用遮罩层可以制作出一些特殊效果的动画。

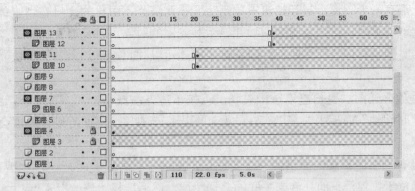

图7-17　时间轴效果

图7-18　图形效果

图7-19　图形效果

**step 24** 用同样的方法制作其他图层的动画。

**step 25** 执行"文件">"保存"命令，按【Enter+Ctrl】键测试动画，效果如图7-20所示。

图7-20　动画测试效果

## 设计说明

网络广告中的动画，应以向浏览者表达信息为主，将所需要表达的信息，通过动画的形式展现给浏览者，这样可以加深浏览者的印象及吸引浏览者的注意力。

动画的色彩搭配要与网站的色彩保持一致的风格，动画中可以采用卡通背景与商品实物相结合的形式来表达需要表达的信息，这样可以更加丰富页面的内容。

## 知识点总结

本例主要运用了遮罩动画的制作方法。

### 1. 认识遮罩层

在Flash中，使用遮罩层可以制作出一些特殊效果的动画。在创建时，使用遮罩层建立一个小孔，当遮罩层移动时，通过这个小孔可以看到它下面被遮罩层上的内容。也就是说，每个遮罩层上都有一个图形，起初被遮罩层是完全被遮盖、不可见的，只有当遮罩层上的图形移动到被遮罩层上时，该图层上的图形才显示。遮罩的对象可以是填充的形状、文字对象、图形元件的实例或影片剪辑。此外，一个遮罩层还可以同时遮罩几个图层，从而产生出各种奇幻的效果。

要使其他普通图层也与遮罩层相关联，可按下述方法操作：

· 在"时间轴"面板中，将已存在的普通图层拖至遮罩层下面，则该图层会向右缩进，表示被遮罩。

· 在已有的被遮罩层上面创建一个新图层，则该图层位于遮罩层下，也被遮罩。

· 选中位于遮罩层下面且尚未关联的普通图层，然后选择"修改">"时间轴">"图层属性"命令，在打开的"图层属性"对话框中选择"被遮罩"单选按钮。

若要取消一个被遮罩层与遮罩层之间的关联，使其成为普通图层，可在"时间轴"面板中，将被遮罩层拖动到遮罩层的上面，或选择"修改">"时间轴">"图层属性"命令，在"图层属性"对话框中选择"正常"单选按钮。

2. 遮罩动画的制作

遮罩动画的原理是，在舞台前增加一个类似于电影镜头的对象，这个对象不仅仅局限于圆形，可以是任意形状，将来导出的影片，只显示电影镜头"拍摄"出来的对象，其他不在电影镜头区域内的舞台对象不会显示。

遮罩动画的具体制作方法是，在Flash中新建一个影片文档，在场景中导入需要的素材，然后新建一个图层，在其中创建一个图形用于作为遮罩动画中的电影镜头对象。在新建的图层单击鼠标右击，从弹出的快捷菜单中选择"遮罩层"命令，将普通图层转换为遮罩层。

这时图层和舞台会发生相应的变化，两个图层的图标也都会发生变化，下面的图层从普通图层变成了被遮罩层（被拍摄图层），并且图层缩进，图层被自动加锁；上面的图层从普通图层变成了遮罩层（放置拍摄镜头的图层），并且图层也被自动加锁。舞台显示也发生了变化，只显示电影镜头"拍摄"出来的对象，其他不在电影镜头区域内的舞台对象都没有显示。

按下【Ctrl+Enter】组合键测试影片，观察动画效果，可以看到只显示电影镜头区域内的图像。接下来为图层中的图形设置动画，就可以制作出遮罩动画。

在遮罩动画中，可以定义遮罩层中电影镜头对象的变化（尺寸变化动画、位置变化动画、形状变化动画等），最终显示的遮罩动画效果也会随着电影镜头的变化而变化。另外，除了可以设计遮罩层中的电影镜头对象变化，还可以让被遮罩层中的对象进行变化，甚至可以是遮罩层和被遮罩层同时变化，这样可以设计出更加丰富多彩的遮罩动画效果。

## 拓展训练

本例将利用时间轴特效制作如图7-21所示的酒广告效果，制作时分别使用模糊特效制作滋光效果、使用转换特效制作淡入淡出效果，另外为了增加广告的真实性，还使用遮罩制作滚光效果。

step01 启动Flash程序，执行"文件">"新建"命令（或者按【Ctrl+N】快捷键），在弹出的"文档属性"对话框中进行如图7-22所示的设置，完成后单击"确定"按钮。

图7-21 完成效果图

step 02 使用"矩形"工具绘制一个矩形，使其覆盖整个舞台，然后在"颜色"面板中进行如图7-23所示的渐变设置。

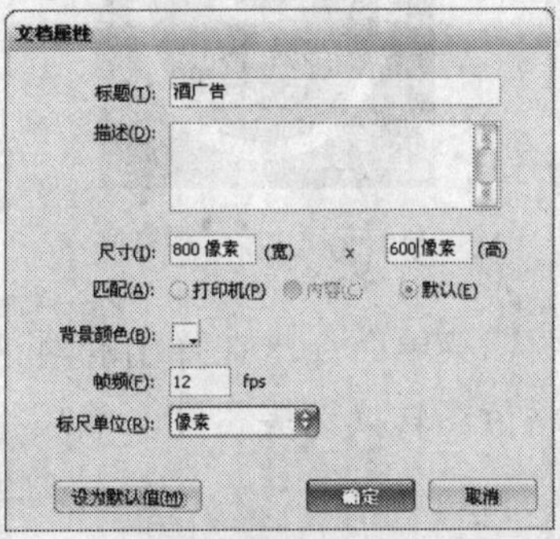

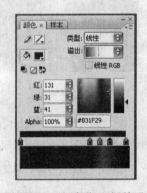

图7-22 "文档属性"对话框的设置

图7-23 "颜色"面板的设置

step 03 为矩形填充渐变效果，并删除轮廓线，结果如图7-24所示。新建"图层 2"，选择"文件">"导入">"导入到舞台"菜单命令，选择"源文件与素材\实例13\素材\酒瓶素材.png"文件，单击"打开"按钮，将其导入到舞台，如图7-25所示。

图7-24 填充渐变后的效果

图7-25 导入的素材

step 04 按【Ctrl+B】组合键将位图分离，在"图层 2"的第15帧处插入关键帧，适当调整图像的大小和位置，结果如图7-26所示，完成后在第1帧和第15帧之间创建补间形状。然后在酒的标志上标注出如图7-27所示的辅助线。

step 05 新建"图层 3"，选择"钢笔"工具绘制出如图7-28所示的图形，然后选择"文件">"导入">"导入到舞台"菜单命令，选择"源文件与素材\实例13\素材\标签遮罩.jpg"文件，单击"打开"按钮，将其导入到舞台，沿着辅助线适当调整图像的大小和位置，结果如图7-29所示。

图7-26 调整后的图像大小和位置

图7-27 标注出的辅助线

图7-28 绘制出的图形

图7-29 导入的图形

step 06 选择"修改"＞"位图"＞"转换位图为矢量图"菜单命令，在弹出的对话框中进行如图7-30所示的参数设置，完成后单击"确定"按钮将位图转换为矢量图，然后将圈外的黑色的区域删除，结果如图7-31所示。

图7-30 对话框中的参数设置

图7-31 删除图像后的效果

step 07 在"图层 3"之下新建"图层 4"，在第15帧处插入关键帧，绘制出如图7-32所示的两个图像，然后将它们转换为图形元件，并在"属性"面板中设置其Alpha值为50%，结果如图7-33所示。

图7-32 绘制出的图像

图7-33 调整透明度后的效果

**step 08** 在第35帧处插入关键帧，将图像移动到如图7-34所示位置，完成后在两个关键帧之间创建补间动画。然后将"图层3"中的图形进行复制并将该图层转换为遮罩层，从而制作出滚光效果。在"图层3"之上新建"图层5"，在第35帧处插入关键帧，按【Ctrl+Shift+V】组合键将复制的图形进行粘贴，完成后将图形外围的圆圈删除，结果如图7-35所示。

图7-34　调整图像的位置

图7-35　图像调整后的效果

**step 09** 将图形转换为图形元件，设置Alpha值为0%，在第40帧处插入关键帧并设置Alpha值为100%，完成后在两个关键帧之间创建补间动画。将第40帧处的图形进行复制，新建"图层6"，在第40帧处插入关键帧，按【Ctrl+Shift+V】组合键将复制的图形进行粘贴。选择"插入">"时间轴特效">"效果">"模糊"菜单命令，在弹出的对话框中进行如图7-36所示的设置，此时图像的效果如图7-37所示。

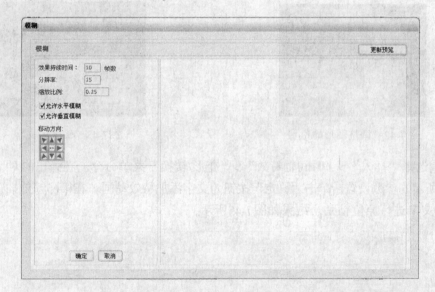

图7-36　"模糊"对话框的设置

**step 10** 新建"图层6"，在第55帧处插入关键帧，绘制一个如图7-38所示的圆形，然后再绘制一个如图7-39所示的正方形。

**step 11** 使用"选择"工具将正方形调整为如图7-40所示的形状，然后将其调整到圆形图形之上，适当调整它们的大小和位置，结果如图7-41所示。

图7-37　图形模糊后的效果

**step 12** 在第65帧处插入关键帧，将图形移动到如图7-42

所示的位置。然后新建"图层 7"，在第55帧处插入关键帧，使用"文本"工具输入如图7-43
所示的文字，并将文字进行复制。

图7-38　绘制出的圆形

图7-39　绘制出的正方形

图7-40　调整图形的形状

图7-41　调整图形的大小和位置

图7-42　调整图形的位置

图7-43　输入的文字

**step 13** 选择"插入">"时间轴特效">"变形/转换"菜单命令，在弹出的对话框中进行
如图7-44所示的参数设置，单击"确定"按钮为文字添加特效动画。在第65帧处插入关键帧，
将复制的文字进行原位粘贴，结果如图7-45所示。

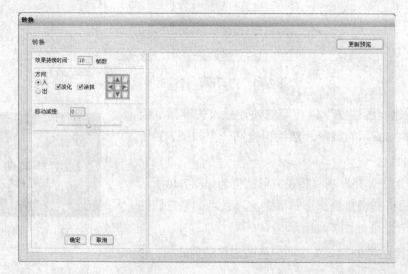

图7-44　"转换"对话框的设置

**step 14** 新建图层，在第70帧处插入关键帧，选择"文件">"导入">"导入到舞台"菜单命令，选择"源文件与素材\实例13\素材\标签遮罩.jpg"文件，单击"打开"按钮，将其导入到舞台，适当调整图像的大小和位置，结果如图7-46所示。然后将图像打散并删除外围圆圈图像，结果如图7-47所示，完成后将图像进行复制。

图7-45 粘贴文字

图7-46 导入的标签素材

图7-47 图像修改后的效果

**step 15** 选择"插入">"时间轴特效">"变形/转换"菜单命令，在弹出的对话框中进行如图7-48所示的参数设置，单击"确定"按钮为图像添加特效动画。在第80帧处插入关键帧，将复制的图像进行原位粘贴，完成后在第100帧处插入普通帧。这样整个动画就创建完成了，动画的测试效果如图7-49所示。

图7-48 "转换"对话框的设置

## 职业快餐

伴随着网络的诞生以及Flash软件的面世，广告又多了一种创作的形式，可以通过一对一、一对多或多对多的形式将产品信息通过Flash广告传递给目标受众，使目标受众在潜移默化中对产品进行了解，而且不容易对产品广告产生反感。比起传统形式的广告，这种广告形式更容易让人们接受，能轻松地抓住人们的视线，更容易让人对所宣传的产品信息记忆深刻，使广告宣传成为了一种寓"商"于乐，所以用Flash来制作广告已成为广告发展趋势所带来的必然结果。

图7-49　动画的测试效果

### 1. 商业广告设计的原则

"突出主题，传递信息"是制作商业广告的基本原则，每一个商业广告都有自己的主题，有它所要传递的信息，以及宣传中获得的效益，所以在制作商业广告时必须把握主题，并围绕着主题进行Flash的设计和制作。

### 2. 商业广告设计的分类

商品广告：这是商业广告中最常见的形式，主要向消费者介绍商品的厂名、商标、性质和特点等，目的是促进商品销售，如图7-50所示。

图7-50　商品广告

服务广告：这类广告以介绍服务的性质、内容、服务方式等为主要内容，达到说服消费者购买服务的目的，如图7-51所示。

图7-51　服务广告

企业形象广告：此类广告主要介绍企业的经营方针、服务宗旨以及企业文化等。其目的是为了加强企业自身的形象，沟通企业与消费者的公共关系，从而达到推销商品的目的，如图7-52所示。

图7-52　企业形象广告

### 3. 商业广告设计的表现形式

商业广告在设计时应着重注意其商业价值。与其他类型的广告有所不同，在设计时需要跟据自身的行业来选择适当的表现形式，需要贴近企业文化，有鲜名的特色，具有历史的连续性、个体性、创新性。整体风格同企业形象相符合，适于目标对象的特点。可以采用抽象的动画形象来表现企业的特点，给浏览者耳目一新的感觉。既要表现出动画的特点，也要表达出所要宣传的内容。

## 实例14

## 网游广告

素材路径：源文件与素材\实例14\素材

源文件路径：源文件与素材\实例14\网游广告.fla

实例效果图14

## 情景再现

今天一早老总把我叫到办公室说："XX，今天小张接到一个单子，客户要设计一则网游的广告，要求简单明了，便于观众记忆。所用的素材和文字客户都提供了，一会我传给你，你构思一下，他们催得比较急，只有两天的制作时间，怎么样，没问题吧？我相信你的能力！"。

既然老板都这么说了，咱还能说啥，另外以前我也做过不少这方面的广告，也算是轻车熟路，回到自己的座位上赶紧准备吧！

## 任务分析

· 根据创意对素材进行处理。
· 输入相关的文字并添加效果。
· 为素材和文字添加动画。
· 测试动画，完成制作。

## 流程设计

在制作时，我们首先对素材按照设计要求进行相应的处理，然后输入广告中所需要的文字并添加效果，并为素材和文字添加动画特效，最后测试动画，完成制作。

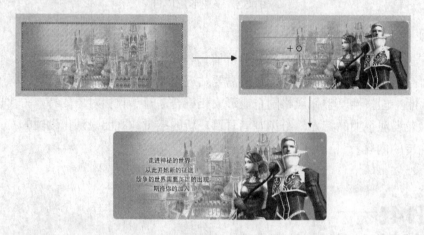

实例流程设计图14

## 任务实现

图7-53　"文档属性"对话框

**step 01** 执行"文件">"新建"命令，新建一个**Flash**文档。单击"属性"面板上的"尺寸大小"按钮 550 x 400 像素 ，在弹出的"文档属性"对话框设置"尺寸"为566px×227px，"帧频"设置为30fps，其他设置如图7-53所示。

**step 02** 执行"插入">"新建元件"命令，新建一个元件，设置"类型"为"图形"，"名称"为"文字1"，如图7-54所示。单击"文本"工具，设置"文本高度"为"16"，"文本颜色"为"#000000"，在场景中输入文字，如图7-55所示。

**step 03** 选中场景中的文字，执行"窗口">"属性">"滤镜"命令，打开"滤镜"面板，单击"添加滤镜"按钮，选择"发光"选项[2]，设置如图7-56所示。元件效果如图7-57所示。

---

[2] "发光"滤镜："发光"滤镜的作用是在对象周边产生光芒，Flash中有一个"柔化填充边缘"功能，但其不具有再编辑性，所以一直不得重用。

图7-54 新建元件

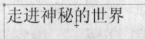

图7-55 输入文字

图7-56 设置"滤镜"面板

图7-57 元件效果

**step 04** 用同样的方法制作其他元件，如图7-58所示。

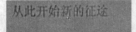

图7-58 元件效果

**step 05** 执行"插入" > "新建元件"命令，新建一个元件，设置"类型"为"影片剪辑"，"名称"为"文字动画"，如图7-59所示。单击"时间轴"面板上"图层1"第1帧位置，将"文字1"元件拖入场景中，如图7-60所示。

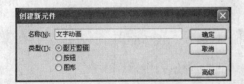

图7-59 新建元件

图7-60 元件效果

**step 06** 分别单击"图层1"第40帧、第214帧和第255帧位置，按【F6】键插入关键帧，单击第293帧位置，按【F5】键插入帧，时间轴效果如图7-61所示。

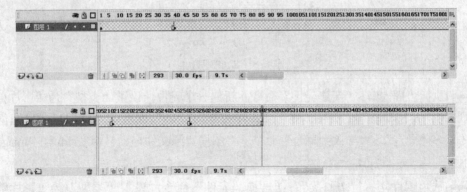

图7-61 时间轴效果

**step 07** 分别单击"图层1"第40帧和第214帧位置，单击"选择"工具，选中元件，将元件移至如图7-62所示位置。

**step 08** 分别单击"图层1"第1帧和第255帧位置，选中元件，设置其"属性"面板上"颜色"样式下的Alpha值为0%，效果如图7-63所示。

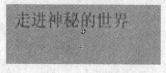

图7-62 元件效果

图7-63 元件效果

**step 09** 单击"图层1"第255帧位置，单击"选择"工具，选中元件，将元件移至适当位置。

**step 10** 分别单击"图层1"第1帧和第214帧位置，设置"属性"面板上"补间类型"为"动画"，时间轴效果如图7-64所示。

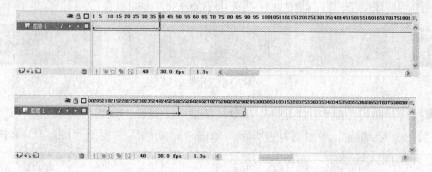

图7-64 时间轴效果

**step 11** 用同样的方法制作其他图层的动画，时间轴效果如图7-65所示。

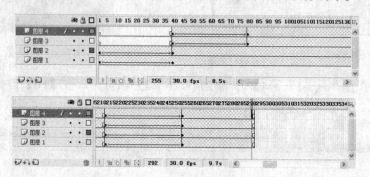

图7-65 时间轴效果

**step 12** 执行"插入">"新建元件"命令，新建一个元件，设置"类型"为"影片剪辑"，"名称"为"人物动画"，如图7-66所示。单击"时间轴"面板上"图层1"第1帧位置，执行"文件">"导入">"导入到舞台"命令，将图片"源文件与素材\实例14\素材\image5.png"导入到场景中，如图7-67所示。

**step 13** 选中图片，执行"修改">"转换为元件"命令，设置"类型"为"影片剪辑"，"名称"为"人物1"，如图7-68所示。

**step 14** 单击"时间轴"面板上的"插入图层"按钮，新建"图层2"。单击"图层2"第1帧位置，执行"文件">"导入">"导入到舞台"命令，将图片"源文件与素材\实例14\素材

\image3.png"导入到场景中，如图7-69所示。

图7-66 新建元件

图7-67 导入图片

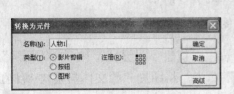

图7-68 转换元件

图7-69 导入图片

**step 15** 选中图片，执行"修改">"转换为元件"命令，设置"类型"为"影片剪辑"，"名称"为"人物2"，如图7-70所示。

**step 16** 单击"时间轴"面板上的"插入图层"按钮，新建"图层3"。单击"图层3"第1帧位置，执行"文件">"导入">"导入到舞台"命令，将图片"源文件与素材\实例14\素材\image4.png"导入到场景中，如图7-71所示。

图7-70 转换元件

图7-71 导入图片

**step 17** 选中图片，执行"修改">"转换为元件"命令，设置"类型"为"影片剪辑"，"名称"为"人物3"，如图7-72所示。

**step 18** 分别单击"时间轴"面板上的"图层3"第6帧、第8帧、第10帧、第13帧和第16帧位置，按【F6】键插入关键帧，分别调整第6帧、第8帧、第10帧、第13帧上元件的位置，如图7-73所示。

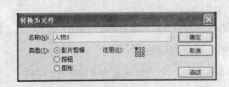

图7-72 转换元件

图7-73 图形效果

**step 19** 分别单击"图层3"第1帧和第16帧位置，选中元件，设置其"属性"面板上"颜色"样式下的Alpha值为0%，效果如图7-74所示。

**step 20** 分别单击"时间轴"面板上"图层3"第6帧、第8帧、第10帧、第13帧位置，设置"属性"面板上"补间类型"为"动画"，时间轴效果如图7-75所示。

图7-74 图形效果

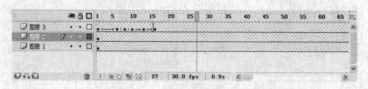

图7-75 时间轴效果

**step 21** 单击"时间轴"面板上的"插入图层"按钮，新建"图层4"。单击"图层4"第1帧位置，执行"文件">"导入">"导入到舞台"命令，将图片"源文件与素材\实例14\素材\image2.png"导入到场景中，如图7-76所示。

**step 22** 选中图片，执行"修改">"转换为元件"命令，设置"类型"为"影片剪辑"，"名称"为"人物4"，如图7-77所示。

图7-76 导入图片

图7-77 转换元件

**step 23** 分别单击"时间轴"面板上"图层4"第6帧、第8帧、第10帧、第13帧和第16帧位置，按【F6】键插入关键帧，分别调整第6帧、第8帧、第10帧、第13帧上元件的位置，如图7-78所示。

**step 24** 分别单击"图层4"第1帧和第16帧位置，选中元件，设置其"属性"面板上"颜色"样式下的Alpha值为0%，效果如图7-79所示。

图7-78 图形效果

图7-79 图形效果

**step 25** 分别单击"时间轴"面板上"图层4"第6帧、第8帧、第10帧、第13帧位置，设置"属性"面板上"补间类型"为"动画"，时间轴效果如图7-80所示。

**step 26** 执行"插入">"新建元件"命令，新建一个元件，设置"类型"为"图形"，"名称"为"飘动的亮点"，如图7-81所示。单击"时间轴"面板上"图层1"第1帧位置，单击"椭圆"工具，设置"填充色"为"#FFFFFF"，Alpha值为50%，在场景中绘制一个34px ×

34px的正圆，如图7-82所示。

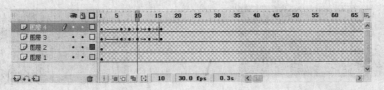

图7-80　时间轴效果

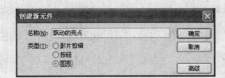

图7-81　新建元件

图7-82　图形效果

step 27 单击"时间轴"面板上的"插入图层"按钮，新建"图层2"。单击"图层2"第1帧位置，单击"椭圆"工具，在"混色器"面板上设置"类型"为"放射状"，从"#FFFFFF"、Alpha值为80%，到"#FFFFFF"、Alpha值为0%的渐变，设置如图7-83所示。在场景中绘制一个66px×66px的正圆，如图7-84所示。

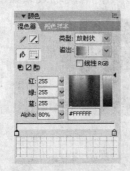

图7-83　设置"混色器"面板

图7-84　图形效果

step 28 执行"插入">"新建元件"命令，新建一个元件，设置"类型"为"影片剪辑"，"名称"为"飘动的亮点动画"，如图7-85所示。单击"时间轴"面板上"图层1"第1帧位置，将"飘动的亮点"元件拖入场景中，如图7-86所示。

图7-85　新建元件

图7-86　图形效果

step 29 单击"时间轴"面板上的"添加运动引导层"按钮，单击"引导层"[3]第1帧位置。单击"铅笔"工具，在场景中绘制如图7-87所示图形。单击"图层1"第1帧位置，选中元件，

---

[3] "引导层"：顾名思义就是用来引导动画的图层，在该图层绘制一条路径，将别的图层中的对象分别移动到路径的起始点和终止点，并设置关键帧，建立补间后，对象就会自动沿着路径移动了。

将元件移至如图7-88所示位置。

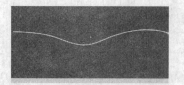

图7-87 图形效果

图7-88 图形效果

**step 30** 单击"图层1"第187帧位置，按【F6】键插入关键帧，选中元件，将元件移至如图7-89所示位置。单击"图层1"第1帧位置，设置"属性"面板上"补间类型"为"动画"，时间轴效果如图7-90所示。

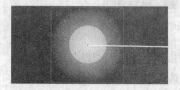

图7-89 图形效果

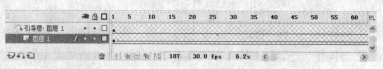

图7-90 时间轴效果

**step 31** 用同样的方法制作其他的动画效果，如图7-91所示，时间轴效果如图7-92所示。

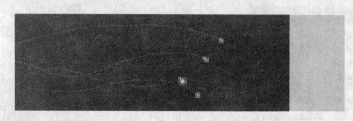

图7-91 图形效果

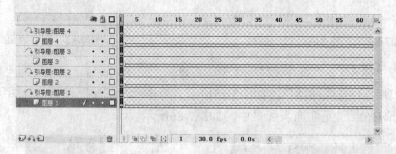

图7-92 时间轴效果

**step 32** 单击"时间轴"面板上的"场景1"标签，返回"场景1"。单击"图层1"第1帧位置，执行"文件">"导入">"导入到舞台"命令，将图片"源文件与素材\实例14\素材\image1.png"导入到场景中，单击第72帧位置，按【F5】键插入帧，如图7-93所示。

**step 33** 单击"时间轴"面板上的"插入图层"按钮，新建"图层2"。单击第1帧位置，将"飘动的亮点动画"元件拖入场景中，单击"任意变形"工具，调整元件的大小，如图7-94所示。

**step 34** 单击"时间轴"面板上的"插入图层"按钮，新建"图层3"。单击第27帧位置，按【F6】键插入关键帧，将"飘动的亮点动画"元件拖入场景，单击"任意变形"工具，调整元件的大小，如图7-95所示。

图7-93 导入图片

图7-94 元件效果

**step 35** 单击"时间轴"面板上的"插入图层"按钮，新建"图层4"。单击第1帧位置，将"人物4"元件拖入场景中，如图7-96所示。

图7-95 元件效果

图7-96 元件效果

**step 36** 单击"时间轴"面板上"图层4"第13帧位置，按【F6】键插入关键帧，将元件移至如图7-97所示位置。

**step 37** 单击"时间轴"面板上"图层4"第20帧位置，按【F6】键插入关键帧，将元件移至如图7-98所示位置。

图7-97 元件效果

图7-98 元件效果

**step 38** 分别单击"时间轴"面板上"图层4"第21帧、第23帧、第25帧和第27帧位置，按【F6】键插入关键帧，分别单击第21帧和第25帧位置，按【Delete】键将帧上元件删除，将"人物2"元件拖入如图7-99所示位置。

**step 39** 分别选中第21帧和第25帧上元件，单击"属性"面板上的"颜色"下拉按钮，选择"亮度"选项，设置"亮度"值为50%，如图7-100所示。

图7-99 元件效果

图7-100 元件效果

**step 40** 单击"时间轴"面板上第36帧位置，按【F6】键插入关键帧，单击"任意变形"工具，选中元件调整大小，设置其"属性"面板上的"颜色"样式下的Alpha值为0%，如图7-101所示。

**step 41** 分别单击"图层4"第1帧、第13帧和第27帧位置，设置"属性"面板上的"补间类型"为"动画"。时间轴效果如图7-102所示。

图7-101　元件效果

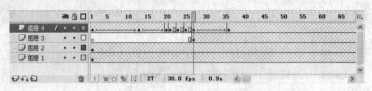

图7-102　时间轴效果

**step 42** 单击"时间轴"面板上的"插入图层"按钮，新建"图层5"。单击第34帧位置，按【F6】键插入关键帧，将"人物2"元件拖入场景中，如图7-103所示

**step 43** 单击"时间轴"面板上的"插入图层"按钮，新建"图层6"。单击第36帧位置，将"人物3"元件拖入场景，如图7-104所示。

图7-103　元件效果

图7-104　元件效果

**step 44** 单击"时间轴"面板上"图层6"第49帧位置，按【F6】键插入关键帧，将元件移至如图7-105所示位置。

**step 45** 单击"时间轴"面板上"图层6"第56帧位置，按【F6】键插入关键帧，将元件移至如图7-106所示位置。

图7-105　元件效果

图7-106　元件效果

**step 46** 分别单击"时间轴"面板上"图层6"第57帧、第59帧、第61帧和第63帧位置，按【F6】键插入关键帧，分别单击第57帧和第61帧位置，按【Delete】键将帧上元件删除，将"人物1"元件拖入如图7-107所示位置。

**step 47** 分别选中第57帧和第61帧上元件，设置其"属性"面板上的"颜色"样式下的"亮度"值为50%"，如图7-108所示。

**step 48** 单击"时间轴"面板上第72帧位置，按【F6】键插入关键帧，单击"任意变形"工具，选中元件调整大小，设置其"属性"面板上的"颜色"样式下的Alpha值为0%，如图7-109所示。

图7-107 元件效果

图7-108 元件效果

**step 49** 分别单击"图层6"第36帧、第49帧和第63帧位置,设置"属性"面板上的"补间类型"为"动画"。

**step 50** 单击"时间轴"面板上的"插入图层"按钮,新建"图层7"。单击第70帧位置,按【F6】键插入关键帧,将"人物1"元件拖入场景中,如图7-110所示。时间轴效果如图7-111所示。

图7-109 元件效果

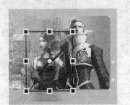

图7-110 元件效果

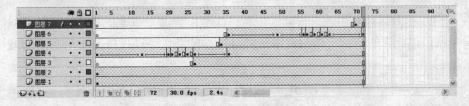

图7-111 时间轴效果

**step 51** 单击"时间轴"面板上的"插入图层"按钮,新建"图层8"。单击第72帧位置,按【F6】键插入关键帧,将"人物动画"元件拖入场景中,如图7-112所示,

**step 52** 单击"时间轴"面板上的"插入图层"按钮,新建"图层9"。单击第72帧位置,按【F6】键插入关键帧,将"文字动画"元件拖入场景中,如图7-113所示

图7-112 元件效果

图7-113 元件效果

**step 53** 单击"时间轴"面板上的"插入图层"按钮,新建"图层9"。单击第72帧位置,按【F6】键插入关键帧,执行"窗口">"动作"命令,打开"动作-帧"面板,输入"stop();"语句,时间轴效果如图7-114所示。

**step 54** 执行"文件">"保存"命令,按【Enter+Ctrl】键,测试动画,效果如图7-115所示。

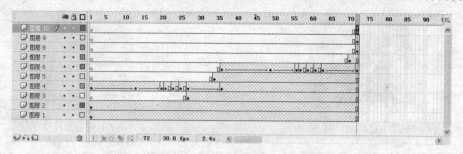

图7-114　时间轴效果

图7-115　测试动画效果

## 设计说明

竞技类游戏在网络游戏中占有重要的位置，深受广大游戏玩家的欢迎。竞技游戏的网络宣传各有千秋，但几乎所有的宣传都离不开Flash动画的介入，通过Flash动画展现游戏中形形色色的人物形象。

在竞技游戏Flash动画的设计与制作过程中，应注意动画中的人物表现手法，多采用游戏中的部分经典的画面和角色为主，加入创意性的文字说明等。

## 知识点总结

本例主要运用了创建引导层动画的相关操作方法。

### 1. 认识引导图层

引导图层实际上包含了两种子类，一种是运动引导层，用户可在其中绘制用于控制被引导图层中对象运动的曲线。例如，在默认情况下，对象的运动轨迹均为直线，但通过使用运动引导图层，使其沿曲线运动。

另一种引导图层是普通引导层，它仅用于辅助制作动画，如通过临摹别人的作品进行绘画，如图7-116（左）所示。但是，用户无法直接创建普通引导层，而只能将现有图层转换为普通引导层。要将现有图层转换为普通引导图层，可在"时间轴"面板中右击该图层，再从弹出的快捷菜单中选择"引导层"命令即可，如图7-116（右）所示。

引导层是用来指示元件运行路径的，所以"引导层"中的内容可以是用钢笔、铅笔、线条、椭圆、矩形或画笔工具等绘制出的线段。而"被引导层"中的对象是跟着引导线走的，可以使用影片剪辑、图形元件、按钮、文字等，但不能应用形状。由于引导线是一种运动轨迹，不难想象，"被引导层"中最常用的动画形式是动作补间动画，当播放动画时，一个或数个元件将沿着运动路径移动。

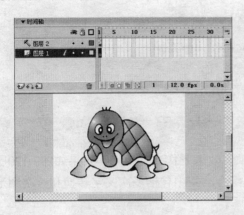

图7-116　普通引导图层的用途及创建方法

### 2. 创建引导图层

创建引导层，可以使对象沿特定路径运动。引导层不会导出，因此不会显示在发布的SWF文件中，可以将任何图层用做引导层。图层名称左侧的辅助线图标表明该层是引导层，没有设置被引导图层时图标为 ⬠。

 将一个普通图层拖到引导层上就会将该引导层转换为运动引导层。为了防止意外转换引导层，可以将所有的引导层放在图层顺序的底部。

创建新的引导层的方法主要有以下两种：

（1）用鼠标右键单击欲转换为引导层的图层，然后从弹出菜单中执行"引导层"命令，再次执行该命令，可以将该图层改回常规层。

（2）选择要添加引导层的图层，单击时间轴底部的"添加运动引导层"按钮 ⬠，将为当前图层添加引导层，当前图层也自动转换为被引导图层。

要创建被引导图层，可以按住鼠标左键将图层拖动到引导层上，当引导层的图标变暗时释放鼠标即可，如图7-117所示。

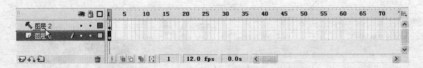

图7-117　将图层更改为被引导图层

也可以在"图层属性"对话框中选中"被引导"单选按钮进行设置，如图7-118所示。

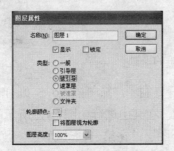

图7-118　在"图层属性"对话框中设置

由于引导层不会被导出，因此可以设置帧标签，将其用做注释图层，如图7-119所示。

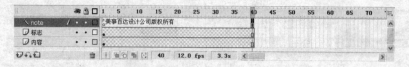

图7-119 将引导层用做注释图层

## 拓展训练

本例使用"时间轴特效"中的"变形/转换"效果制作文字效果，效果如图7-120所示。对不同的对象使用了多次转换效果，并进行了组合，其中包括多次文字转换和一次图形元件转换，最终制作出文字"淡入淡出"的效果。

图7-120 最终效果图

**step 01** 启动Flash程序，执行"文件">"新建"命令（或者按【Ctrl+N】快捷键），弹出"文档属性"对话框，设置如图7-121所示，完成后单击"确定"按钮。

**step 02** 执行"文件">"导入">"导入到库"命令，选择"源文件与素材\实例14\素材\梅花国画.jpg"文件，单击"打开"按钮，将其导入到舞台中，适当调整图像的大小和位置，结果如图7-122所示。

图7-121 "文档属性"对话框的设置

图7-122 导入的素材

**step 03** 将上面导入的图像进行复制，选择"插入">"时间轴特效">"变形/转换">"转换"命令，弹出"转换"对话框，在其中进行如图7-123所示的设置，完成后单击"确定"按钮，为图像添加效果。新建一个图层，在第21帧处插入一个关键帧，将复制的图像进行原位粘贴，并在第80帧处插入普通帧。然后新建图层，在第35帧处插入关键帧，选择"文件"＞"导入"＞"导入到库"命令，选择"源文件与素材\实例14\素材\水彩背景.jpg"文件，单击"打开"按钮，将其导入到舞台中，适当调整图像的大小和位置，结果如图7-124所示。

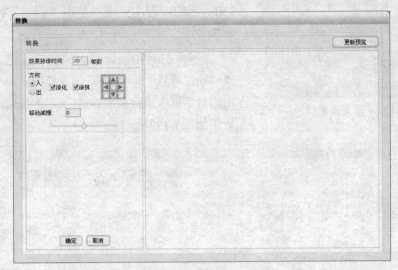

图7-123 "转换"对话框

**step 04** 新建图层，在第35帧处插入关键帧，使用"钢笔"工具绘制一个如图7-125所示的图形，然后在"变形"面板中进行如图7-126所示的设置。

图7-124 导入的素材

图7-125 绘制出的图像

图7-126 "变形"面板的设置

**step 05** 在第55帧处插入关键帧，在"变形"面板中进行如图7-127所示的设置，将图形进行放大处理，结果如图7-128所示。

图7-127 "变形"面板的设置

图7-128 放大后的图像效果

**step 06** 在两关键帧之间创建补间形状，并将该图层设置为遮罩层。新建图层，在第55帧处插入关键帧，选择"文件"＞"导入"＞"导入到库"命令，选择"源文件与素材\实例14\素材\梅花图案.png"文件，单击"打开"按钮，将其导入到舞台中，适当调整图像的大小和位

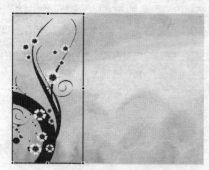

图7-129　导入的素材

置，结果如图7-129所示，完成后将该图像进行复制。选择"插入"＞"时间轴特效"＞"变形/转换"＞"转换"命令，弹出"转换"对话框，在其中进行如图7-130所示的设置，完成后单击"确定"按钮，为图像添加效果。

**step 07** 在第70帧处插入关键帧，选择"插入"＞"时间轴特效"＞"效果"＞"模糊"菜单命令，在弹出的对话框中进行如图7-131所示的设置，此时图像的效果如图7-132所示。

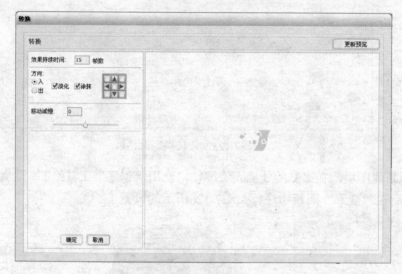

图7-130　"转换"对话框

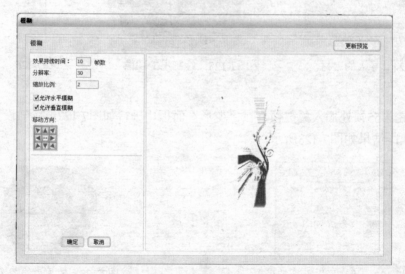

图7-131　"模糊"对话框

**step 08** 新建图层，在第70帧处插入关键帧，将复制的图像进行原位粘贴，结果如图7-133所示，完成后在第85帧处插入关键帧，选择"修改"＞"位图"＞"转换位图为矢量图"菜单命令，在弹出的对话框进行如图7-134所示的设置，完成后单击"确定"按钮将位图转换为矢量图。

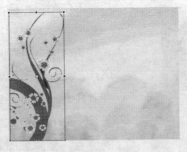

图7-132　模糊后的效果　　　　图7-133　粘贴后的效果　　　　图7-134　参数设置

**step 09** 在第100帧处插入关键帧，选择"文件"＞"导入"＞"导入到库"命令，选择"源文件与素材\实例14\素材\手机01.png"文件，单击"打开"按钮，将其导入到舞台中，适当调整图像的大小和位置，结果如图7-135所示，完成后将该图像进行复制。选择"修改"＞"位图"＞"转换位图为矢量图"菜单命令，在弹出的对话框进行如图7-130所示的设置，完成后单击"确定"按钮将位图转换为矢量图，结果如图7-136所示。

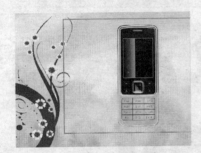

图7-135　导入的素材　　　　　　　　　　图7-136　将位图转化为矢量图

**step 10** 在第100帧处删除除手机以外的其他图形，在第85帧和第100帧之间创建补间形状，效果如图7-137所示。新建图层，在第100帧处插入关键帧，将复制的图像进行原位粘贴，在第160帧处插入普通帧。然后新建图层，在第100帧处插入关键帧，将"源文件与素材\实例14\素材\梅子.png"文件导入到舞台中，适当调整其大小和位置，结果如图7-138所示。

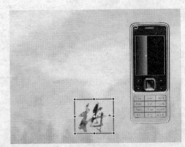

图7-137　将图形进行形状转换　　　　　　图7-138　导入的素材

**step 11** 在第115帧处插入关键帧，适当调整图像的位置，结果如图7-139所示，完成后在两关键帧之间创建补间动画。然后将第115帧处的图像进行复制，新建图层，在第115帧处插入关键帧，将复制的图像进行原位粘贴，完成后打开"投影"对话框，在其中进行如图7-140所示的设置。

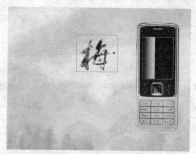

图7-139　调整图像的位置

**step 12** 新建图层，在第115帧处插入关键帧，将"源文件与素材\实例14\素材\梅花诗句.png"文件导入到舞台中，适当调整其大小和位置，结果如图7-141所示。然后将图像进行复制，打开"投影"对话框，在其中进行如图7-142所示的设置。

**step 13** 在第145帧处插入关键帧，适当调整图像的位置，结果如图7-143所示。然后新建图层，在第115帧处插入关键帧，将"源文件与素材\实例14\素材\梅花图片.jpg"文件导入到舞台中，适当调整其大小和位置。完成后将图像转换为图形元件，设置Alpha值为0%，如图7-144所示。在第125帧处插入关键帧设置Alpha值为100%，在两关键帧处创建补间动画。

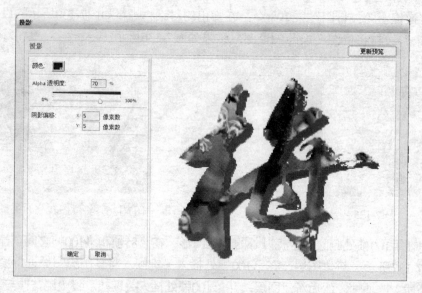

图7-140　"投影"对话框

图7-141　导入的素材

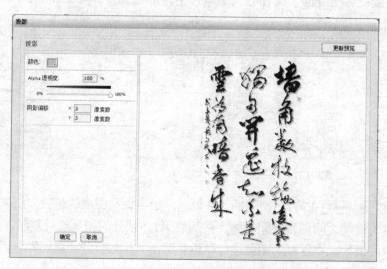

图7-142　"投影"对话框

图7-143 调整图像的位置

图7-144 调整Alpha值

**step 14** 新建图层，在第115帧处插入关键帧，绘制一个矩形，为了便于观察暂时将下面的图层设置为不可见，结果如图7-145所示。然后为矩形填充渐变效果，将图像设置为可见，效果如图7-146所示。

图7-145 绘制出的矩形

图7-146 图像的效果

**step 15** 至此，整个动画就创建完成了，动画的测试效果如图7-147所示。

图7-147 动画测试效果

## 职业快餐

近几年，Flash越来越受广大网友的欢迎。因此，不同的商家也在自己的网站中加入了Flahs动画元素，以达到增加网站的美感、动感、宣传信息的作用。下面来谈谈用Flash制作广告应注意的几个问题。

### 1. 记住用户的目标

用户往往带着目的访问一个站点，每个链接、每次单击都要合乎他们的经验并且引导他们通向他们的目标。在制作Flash时，应清楚Flash重点要突出什么，尽量避免不必要的动画场景。

### 2. 记住Flash的目的

Flash设计时应该反映商业或者客户的需求，有效地传播主要信息与促进品牌。然而Flash的目标最好通过尊重用户的习惯来制作。多数的浏览者在看到Flash时都是以欣赏的角度来观看，并不带有任何的需求态度。在制作Flash时就应抓住这一点，既要满足浏览者的视觉需求，又要达到传递信息的目的。

### 3. 避免没有必要的介绍

虽然介绍的动画非常精彩，但是它们往往延误了用户访问正在寻找的信息。在制作Flash动画时应以开门见山的形式表达想要表达的信息，节省浏览者的时间。这样既达到了宣传的目的，也为本站中其他信息被浏览做好了充分的准备。

### 4. 设计的连贯性

在制作Flash动画时应注意各不同场景之间的相互切换的连贯性。在场景与场景之间相互切换时应注意差别不要太大，影响差别大小的主要因素是色调的运用，每个场景的色调差别不要太大，可以使用同色系的颜色相互配合。这样既达到了场景的不同的效果，又可以很好地切换场景，而不至于在两个场景切换时给人以难以接受的感觉。

### 5. 慎重使用声音

声音可以为Flash动画锦上添花但是绝对不是必要的。例如，使用声音来说明用户刚刚触发了一个时间。要记住声音会显著地增加文件的大小。当确实使用了声音的时候，Flash会将声音转换为MP3文件甚至流媒体。

### 6. 慎重使用视频

在制作Flash动画时可以加入视频元素来增加Flash的真实性。但在加入视频后文件体积将增大，浏览者在浏览页面时，需要较好的网络传输的速度。

### 7. 设计的易用性

在设计Flash动画时，应注意方便浏览者浏览Flash动画。对于Flash动画中的一些功能应在创新的前题下遵守常规，以免浏览者无法发现或不会使用Flash中的各种功能。

### 8. 将图形建立成元件

在制作动画时，应尽量将所用到的所有图形转换为无件，这样可以方便在制作动画时使用各种不同图形，且便于修改。可以使用脚体来调用元件，从而可以减少主时间轴的长度，简化制作步骤。

### 9. 图像格式

在动画中应尽量少使用位图，即使使用也要使用小的位图。这样可以减小文件的体积，从而加快浏览速度。在使用位图时可以执行"修改"菜单下的"分离"命令，将位图转换成矢量图形，再将图形转换为"图形"元件，这样既可以减小文件体积，又可以方便使用和修改。

# Chapter

# 08

# 第8章　整站动画制作

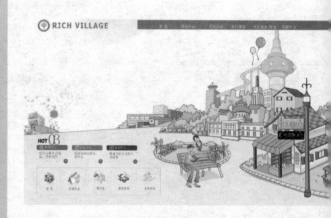

## 实例15

### 节日整站动画

素材路径：源文件与素材\实例15\素材
源文件路径：源文件与素材\实例15\
节日整站动画.fla

实例效果图15

## 情景再现

本例要制作的是一款节日版的整站动画，该动画是专门为圣诞节制作的，要求反应出圣诞节的气氛和喜庆。这种类型的动画主要集中在美工设计方面，因为网站是现成的，只需要把外部的图片按照要求更换一下就可以了，就如同人换衣服一样简单。

## 任务分析

· 按照要求准备素材图像和文字。
· 为素材图像添加动画和特效。
· 调整整体布局并输入代码。
· 测试动画，完成制作。

## 流程设计

在制作时，我们首先按照要求准备好素材和文字，并为素材图像添加动画和特效，然后调整整体布局并输入代码，有问题及时更正过来，最后测试动画，完成整个作品的制作。

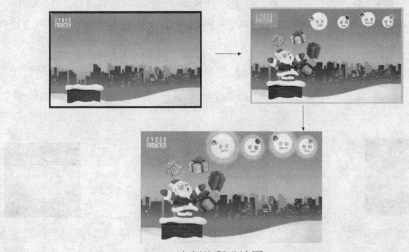

实例流程设计图15

## 任务实现

图8-1 文档设置

**step 01** 执行"文件">"新建"命令，新建一个Flash文档。单击"属性"面板上的"大小尺寸"按钮 550×400像素，在弹出的"文档属性"对话框设置"尺寸"为1000px×600px，"背景颜色"为黑色，"帧频"设置为50fps，其他设置如图8-1所示。

**step 02** 执行"插入">"新建元件"命令，新建一个"图形"元件，并命名为"背景"，如图8-2所示。执行"文件">"导入">"导入到舞台"命令，将图像"源文件与素材\实例15\素材\image1.jpg"导入到场景中，并调整位置，如图8-3所示。

图8-2 新建元件

图8-3 导入图像

**step 03** 执行"插入">"新建元件"命令，新建一个"影片剪辑"元件，并命名为"盒子1"，如图8-4所示。执行"文件">"导入">"导入到舞台"命令，将图像"源文件与素材\实例15\素材\image8.png"导入到场景中，并调整位置，如图8-5所示。

图8-4 新建元件

图8-5 导入图像

**step 04** 执行"修改">"转换为元件"命令，将图像转换为"图形"元件，效果如图8-6所示。单击时间轴第10帧位置，按【F6】键插入关键帧。单击"任意变形"工具，旋转元件如图8-7所示。

**step 05** 单击时间轴第20帧位置，按【F6】键插入关键帧，使用"任意变形"工具旋转元件如图8-8所示。并分别设置第1帧和第10帧上"补间类型"为"动画"，时间轴效果如图8-9所示。

图8-6 图形效果

图8-7 图形效果

图8-8 图形效果

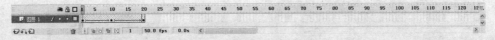

图8-9 时间轴效果

**step 06** 采用同样的方法，依次制作其他3个盒子动画，完成效果如图8-10所示。

图8-10 动画效果

**step 07** 执行"插入">"新建元件"命令，新建一个"影片剪辑"元件，并命名为"move盒子"，如图8-11所示。依次将元件"盒子1"、"盒子2"、"盒子3"和"盒子4"从"库"面板中拖入到场景中，并调整位置如图8-12所示。

图8-11 新建元件

图8-12 拖入元件

**step 08** 执行"插入">"新建元件"命令，新建一个"影片剪辑"元件，并命名为"圣诞老人"，如图8-13所示。执行"文件">"导入">"导入到舞台"命令，将图像"源文件与素材\实例15\素材\image7.png"导入到场景中，并调整位置，如图8-14所示。

图8-13 新建元件

图8-14 导入图像

**step 09** 执行"插入">"新建元件"命令，新建一个"按钮"元件，并命名为"反应区"，如图8-15所示。单击"时间轴"上"点击"帧，按【F6】键插入关键帧。单击"矩形"工具，在场景中绘制一个如图8-16所示矩形。

**step 10** 执行"插入">"新建元件"命令，新建一个"影片剪辑"元件，并命名为"光环"，如图8-17所示。单击"椭圆"工具，设置"填充色"为白色，在场景中绘制一个114px×114px的圆形，并按【F8】键，将其转换为图形，命名为"圆"，效果如图8-18所示。

图8-15　新建元件

图8-16　图形效果

图8-17　新建元件

图8-18　图形效果

**step 11** 单击时间轴第120帧位置，按【F5】键插入帧。单击"时间轴"面板上的"插入图层"按钮，新建"图层2"。将元件"圆"从"库"面板中拖入场景中，并对齐"图层1"上元件，如图8-19所示。单击时间轴第15帧位置，按【F6】键插入关键帧，使用"任意变形"工具调整元件大小为134px×134px，效果如图8-20所示。

**step 12** 单击第15帧上元件，修改其"属性"面板上Alpha值为70%，效果如图8-21所示。并设置第1帧上"补间类型"为"动画"，时间轴效果如图8-22所示。

图8-19　图形效果

图8-20　图形效果

图8-21　图形效果

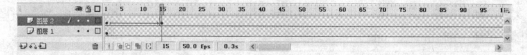

图8-22　时间轴效果

图8-23　图形效果

**step 13** 单击时间轴第30帧位置，按【F6】键插入关键帧，修改帧上元件大小为166px×166px，设置其"属性"面板上Alpha值为40%，效果如图8-23所示，并设置第15帧上"补间类型"为"动画"，时间轴效果如图8-24所示。

**step 14** 依次单击时间轴第70帧、第95帧和第115帧位置，分别按【F6】键插入关键帧。依次调整元件Alpha值为20%、10%和0%，并分别设置第70帧和第95帧上"补间类型"为"动画"，时间轴效果如图8-25所示。

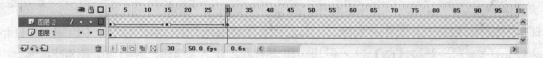

图8-24　时间轴效果

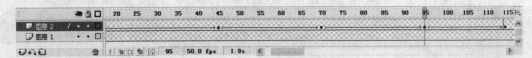

图8-25 时间轴效果

step15 单击"时间轴"面板上的"插入图层"按钮，新建"图层3"。单击"时间轴"第30帧位置，按【F6】键插入关键帧。采用同样的方法制作该层动画效果，如图8-26所示，时间轴效果如图8-27所示。

图8-26 图形效果

step16 拖动选中"图层3"上所有帧，单击右键，在弹出的快捷菜单中选择"复制帧"命令，如图8-28所示。新建"图层4"，单击时间轴第60帧位置，按【F6】键插入关键帧。单击右键，在弹出的快捷菜单中选择"粘贴帧"命令，如图8-29所示。

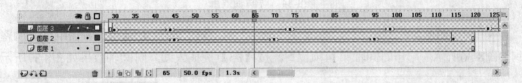

图8-27 时间轴效果

step17 新建"图层5"，在第90帧位置粘贴帧，完成效果如图8-30所示，时间轴效果如图8-31所示。

图8-28 复制帧

图8-29 粘贴帧

图8-30 图形效果

图8-31 时间轴效果

step18 单击"时间轴"面板上的"插入图层"按钮，新建"图层6"。单击时间轴第120帧位置，按【F6】键，插入关键帧，将元件"圆"从"库"面板中拖入到场景中，并调整到如图8-32所示位置。拖动选中第121帧以后的帧，单击右键，选择"删除帧"命令，时间轴效果如图8-33所示。

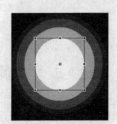

图8-32 图形效果

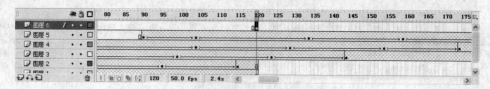

图8-33　时间轴效果

**step 19** 单击"图层6"第120帧位置，在"动作-帧"面板中输入："gotoAndPlay(92);"代码，时间轴效果如图8-34所示。执行"插入">"新建元件"命令，新建一个"影片剪辑"元件，名称为"选项1"，如图8-35所示。

图8-34　时间轴效果

**step 20** 单击时间轴第1帧位置，将元件"光环"从"库"面板中拖入到场景中，并调整位置到如图8-36所示。单击时间轴第14帧位置，按【F5】键插入帧，时间轴效果如图8-37所示。

图8-35　新建元件

图8-36　元件效果

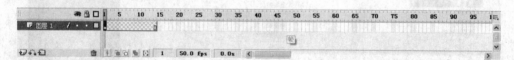

图8-37　时间轴效果

**step 21** 单击"时间轴"面板上的"插入图层"按钮，新建"图层2"。单击"文本"工具，设置"填充（文本）颜色"为红色，其他设置如图8-38所示，在场景中输入如图8-39所示文本。

图8-38　"属性"面板

**step 22** 单击"时间轴"面板上的"插入图层"按钮，新建"图层3"。执行"文件">"导入">"导入到舞台"命令，将图像"源文件与素材\实例15\素材\image3.png"导入到场景中，并调整位置如图8-40所示。新建"图层4"，单击"线条"工具，设置其"属性"面板如图8-41所示。

图8-39 输入文字

图8-40 拖入元件

图8-41 "属性"面板

step 23 在场景中绘制如图8-42所示图形。单击"时间轴"面板上的"插入图层"按钮，新建"图层5"。单击"矩形"工具，在场景中绘制一个240px×210px的矩形，效果如图8-43所示。

step 24 单击"图层5"第14帧位置，按【F6】键插入关键帧。单击"任意变形"工具，修改第1帧上元件大小如图8-44所示。并设置第1帧上"属性"面板的"补间类型"为"形状"，如图8-45所示。

图8-42 图形效果

图8-43 图形效果

图8-44 图形效果

图8-45 "属性"面板

step 25 时间轴效果如图8-46所示。在"图层5"的图层名处单击右键，在弹出的快捷菜单中选择"遮罩层"命令，时间轴效果如图8-47所示。

图8-46 时间轴效果

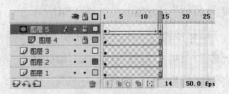

图8-47 时间轴效果

**step 26** 单击"时间轴"面板上的"插入图层"按钮，新建"图层6"。并拖动到所有图层下部，将元件"圆"从"库"面板中拖入场景中，调整位置如图8-48所示。修改其"属性"面板上"颜色样式"下的Alpha值为0%，并修改其"实例行为"为"影片剪辑"，"实例名称"为bg，如图8-49所示。

图8-48　图形效果

**step 27** 采用同样的方法制作其他几个"影片剪辑"元件，效果如图8-50所示。

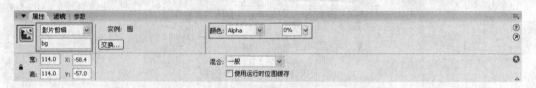

图8-49　"属性"面板

图8-50　影片剪辑效果

**step 28** 单击"时间轴"面板上的"场景1"文字，返回场景编辑状态。单击"图层1"上第1帧位置，将元件"背景"从"库"面板中拖入场景中，并调整位置到如图8-51所示。单击"时间轴"面板上的"插入图层"按钮，新建"图层2"。将元件"圣诞老人"从"库"面板中拖入场景中，并调整位置到如图8-52所示。

图8-51　拖入元件

图8-52　拖入元件

**step 29** 单击"时间轴"面板上的"插入图层"按钮，新建"图层3"。将元件"move盒子"从"库"面板中拖入场景中，并调整位置到如图8-53所示位置。然后设置其"属性"面板上"实例名称"为point，如图8-54所示。

**step 30** 单击"时间轴"面板上的"插入图层"按钮，新建"图层4"。将元件"选项1"从"库"面板中拖入场景中，并调整位置到如图8-55所示位置。然后修改其"属性"面板上"实例名称"为1，如图8-56所示。

**step 31** 采用同样的方法，依次新建图层并将其他几个元件拖入场景中，并调整位置如图8-57所示。依次命名实例名称为2～4，其中元件"选项4"的"属性"面板如图8-58所示。

图8-53　拖入元件

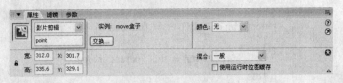

图8-54　"属性"面板

图8-55　拖入元件

图8-56　"属性"面板

图8-57　拖入元件

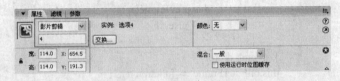

图8-58　"属性"面板

**step 32** 单击时间轴面板上的"插入图层"按钮，新建"图层8"。将元件"反应区"从"库"面板中拖入场景中，并调整位置到如图8-59所示。单击"时间轴"面板上的"插入图层"按钮，新建"图层9"。时间轴效果如图8-60所示。执行"窗口">"动作"命令，在弹出的"动作-帧"面板中输入以下代码：

图8-59　拖入元件

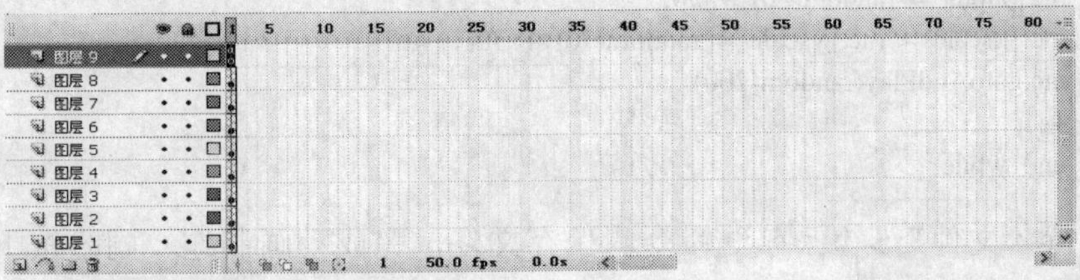

图8-60　时间轴效果

```
link = new Array();
link[1] = "#";
link[2] = "#";
link[3] = "#";
link[4] = "#";
rotation = new Array();
rotation = [0, 0, -20, -40, 30, 180];
```

```
numOfMenu = 5;
for (i = 1; i <= numOfMenu; i++)
{
    this[i].bg.onRollOver = function ()
    {
        _global.over = this._parent._name;
    };
    this[i].bg.onRelease = function ()
    {
        getURL(link[this._parent._name], "_blank");
    };
    this[i].onEnterFrame = function ()
    {
        if (over == this._name)
        {
            this.direction = "next";
            this.nextFrame();
        }
        else
        {
            this.direction = "prev";
            this.prevFrame();
        } // end else if
    };
} // end of for
this.onEnterFrame = function ()
{
    point._rotation = point._rotation + (rotation[over] - point._rotation) / 5;
};
_global.speed = 1;
var snowNum = 50;
var i = 0;
while (i < snowNum)
{
    mc = this.snow.duplicateMovieClip("copy" + i, i);
    mc._x = random(1000);
    mc._y = random(1200);
    mc._alpha = random(50) + 50;
    mc._xscale = mc._yscale = random(70) + 30;
    mc.gotoAndPlay(random(200));
    ++i;
} // end while
```

**step 33** 执行"文件">"保存"命令，保存文件，完成动画制作。同时按下键盘上的【Ctrl+Enter】键测试动画，效果如图8-61所示。

## 设计说明

·节日整站具有其特有的特点，那就是温馨和祝福。本例中制作的是圣诞节的整站动画，注意不同的节日使用不同的要素的表现方法。

图8-61 测试动画效果

颜色应用:

本例中要注意主色调的运用,圣诞节可以使用暖色调突出冬天的节日特点,再配合圣诞老人则更能体现出圣诞节的气氛。

动画与脚本应用:

本例中制作了各种不同的动画类型的元件,加以脚本语句的调用,来实现整站功能。

## 知识点总结

本例主要运用了对象的变形操作。

在Flash中,常常需要对舞台中绘制的图形或导入的图像进行编辑,即调整它们的大小、旋转方向、倾斜角度、扭曲变形以及翻转等。要变形对象,可以使用工具箱中的"任意变形"工具、"变形"面板或选择"修改" &gt; "变形"菜单中的适当选项来完成。

### 1. 缩放、旋转和倾斜对象

使用工具箱中的"任意变形"工具单击(或框选)要变形的对象,对象周围会出现有8个方形控制点的变形框,通过单击并拖动不同的控制点,可以移动、缩放、倾斜与旋转对象。

在所选对象的区域内单击并拖动鼠标,即可移动对象,如图8-62所示。

图8-62 移动对象

将光标移至对象四周的控制点上,当光标变为↕、↔、↘、↗时,按下并拖动鼠标,即可改变其大小,如图8-63所示。

图8-63 改变对象大小

将光标移至四个角的控制点上方，当光标变为↶时，单击并沿某一方向拖动鼠标，即可以对象的中心为旋转中心进行旋转，如图8-64所示。

图8-64　旋转对象

将光标移至对象的4条边上，当光标变为⇌、↕时，按下并拖动鼠标，即可水平或垂直倾斜对象，如图8-65所示。

图8-65　倾斜对象

**提示**　若按住【Shift】键的同时进行旋转操作，对象将按45°的倍数进行旋转；若进行的是缩放操作，则可等比例缩放对象。

通过选择"修改">"变形"菜单中的"顺时针旋转90度"或"逆时针旋转90度"选项，可分别将所选对象顺时针或逆时针旋转90°。

选择"任意变形"工具□后，其"选项"区将如图8-66所示。用户可以根据需要，单击选择适当的按钮来执行单一的变形。

**提示**　选择"修改">"变形"菜单中的相应选项，也可缩放、旋转和倾斜选定的对象。

单击"旋转与倾斜"按钮，可旋转和倾斜对象　　　　单击"缩放"按钮，可等比例缩放对象

单击"扭曲"按钮可扭曲图形　　　　单击"封套"按钮，可使用封套变形图形

图8-66　"任意变形"工具的"选项"区

若要精确设置对象的缩放比例、旋转角度或倾斜角度，可选中对象后，选择"窗口">"设计面板">"变形"命令，打开"变形"面板进行设置，如图8-67所示。

选中该单选按钮，即可在其后的编辑框中输入旋转角度　　　　在此设置缩放比例

选中该单选按钮，即可在其后的编辑框中输入倾斜角度　　　　选中该复选框，可锁定宽高比例

单击该按钮可复制对象并将变形应用于复制的对象　　　　单击该按钮可恢复对象的初始设置，即撤销对象变形

图8-67　"变形"面板

**提示** 在设置旋转或倾斜角度时，输入的值为正数，表示对象将按顺时针方向旋转或倾斜，如果输入的值为负数，表示对象将按逆时针方向旋转或倾斜。

**2. 翻转对象**

翻转对象是沿水平和垂直坐标轴进行的。对象翻转的效果可以做两种比喻：水平翻转好比对象在"照镜子"，垂直翻转则好比对象"倒映在水中"。

通过选择"修改">"变形"菜单中的"垂直翻转"或"水平翻转"选项，可在原位垂直或水平翻转选定对象，如图8-68所示。

此外，使用"任意变形"工具 🔲 也可以翻转对象，只需拖动变形框上边框中间的控制点，使其越过下边框，即得到所选对象的垂直翻转效果；若拖动变形框左边框中间的控制点，使其越过右边框，即得到所选对象的水平翻转效果，如图8-69所示。

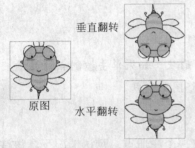

图8-68　翻转对象

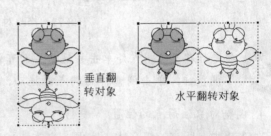

图8-69　使用"任意变形"工具翻转对象

**提示** 使用菜单命令进行翻转时，不会使翻转的对象发生变形失真；而使用"任意变形"工具进行翻转时，由于控制不好图像比例，容易使对象变形。

**3. 扭曲与封套对象**

扭曲与封套功能都只能应用于形状对象（线条和填充区域），而不能修改元件、位图、视频对象、组合对象或文本。若要对上述对象进行扭曲或封套变形，必须先选择"修改">"分离"菜单命令将它们打散方可执行。

要使用扭曲功能，可选中对象后，选择"修改">"变形">"扭曲"菜单命令或单击"任意变形"工具"选项"区中的"扭曲"按钮 🔳，均将显示扭曲变形框。将光标移至变形框控制点处单击并拖动即可扭曲所选对象，如图8-70所示。

图8-70　扭曲对象

**提示** 若在扭曲图形的同时按下【Shift】键，可对图形进行对称扭曲，如图8-71所示。

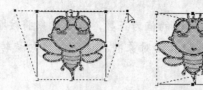

图8-71　对称扭曲对象

使用封套功能可以对对象进行细微调整，修改对象形状。要使用封套功能，可选择"修改"＞"变形"＞"封套"菜单命令或单击"任意变形"工具"选项"区中的"封套"按钮 ，利用显示的封套变形框，即可修改所选对象的形状，如图8-72所示。

图8-72　修改对象的形状

**提示**
　将光标移至控制点处单击并拖动，即可调整图形形状。如果单击控制点时显示了调整杆，单击调整杆的端点并拖动，也可调整图形形状。

4. 调整对象注册点的位置

在Flash中，所有的组合体、实例、文本块和位图都有一个注册点。默认情况下，该注册点位于对象的中心。

在对对象执行缩放、旋转、倾斜和翻转等变形操作时，除了显示变形框外，在对象的中心还将出现一个小圆，它代表了注册点的位置。要移动其位置，只需单击注册点并拖动即可，如图8-73所示。

图8-73　调整对象中心点的位置

**提示**
　线条和填充区域没有注册点，它们移动和变形的基准点是它们的左上角顶点。由于对象的某些变形操作，如旋转、缩放和翻转等，是相对于对象的中心进行的，因此当移动注册点的位置后，对它所进行的变形操作，将以新的注册点为中心。

5. 取消变形

使用"变形"面板或"变形"子菜单中的命令变形对象时，Flash文件将保存对象的原始大小和旋转角度。因此，用户可以撤销变形操作并还原对象的初始状态。只需在取消选择对象之前，单击"变形"面板中的"重置"按钮 或者选择"修改"＞"变形"＞"取消变形"菜单命令即可。

## 拓展训练

本例我们将制作一个休闲网站的整站动画，制作完成的最终效果如图8-74所示。休闲网站的最终目的就是给浏览者带来快乐、欢笑和感动，使浏览者摆脱复杂的现实生活和物质文明带来的焦头烂额、疲惫不堪的感觉。网站通常运用鲜艳、丰富的色彩，夸张的卡通虚拟形象，以及丰富的Flash动画，勾起浏览者对网站内容的兴趣，从而达到推广该休闲网站的目的。

**step 01** 执行"文件">"新建"命令，新建一个Flash文档。单击"属性"面板上的"尺寸大小"按钮 550 x 400 像素 ，在弹出的"文档属性"对话框设置"尺寸"为994px×470px，"帧频"设置为30fps，其他设置如图8-75所示。

图8-74 完成效果图　　　　　　　　　　　图8-75 文档属性

**step 02** 执行"插入">"新建元件"命令，新建一个元件，设置"类型"为"影片剪辑"，"名称"为"人物1"，如图 8-76所示。单击"时间轴"面板上"图层1"第1帧位置，执行"文件">"导入>"导入到舞台"命令，将图片"源文件与素材\实例15\素材\image10.png"导入到场景中，如图8-77所示。

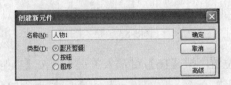

图8-76 新建元件　　　　　　　　　　　图8-77 导入图片

**step 03** 单击"时间轴"面板上"图层1"第27帧位置，按【F6】键插入关键帧，时间轴效果如图8-78所示。

**step 04** 单击"时间轴"面板上"图层1"第11帧位置，按【F6】键插入关键帧，按【Delete】键删除图片，执行"文件">"导入">"导入到舞台"命令，将图片"源文件与素材\实例15\素材\image11.png"导入到场景中，如图8-79所示。

**step 05** 单击"时间轴"面板上"图层1"第37帧位置，按【F6】键插入关键帧，按【Delete】键删除图片，执行"文件">"导入">"导入到舞台"命令，将图片"源文件与素材\实例15\素材\image13.png"导入到场景中，如图8-80所示。

图8-78　时间轴效果

图8-79　导入图片

step 06 单击"时间轴"面板上"图层1"第53帧位置，按【F6】键插入关键帧，按【Delete】键删除图片，执行"文件" > "导入" > "导入到舞台"命令，将图片"源文件与素材\实例15\素材\image14 .png"导入到场景中，如图8-81所示。

图8-80　导入图片

图8-81　导入图片

step 07 单击"时间轴"面板上"图层1"第60帧位置，按【F6】键插入关键帧，按【Delete】键删除图片，执行"文件" > "导入" > "导入到舞台"命令，将图片"源文件与素材\实例15\素材\image15.png"导入到场景中，如图8-82所示。

step 08 单击"时间轴"面板上"图层1"第67帧位置，按【F6】键插入关键帧，按【Delete】键删除图片，执行"文件" > "导入" > "导入到舞台"命令，将图片"源文件与素材\实例15\素材\image16.png"导入到场景中，如图8-83所示。

图8-82　导入图片

图8-83　导入图片

step 09 单击"时间轴"面板上"图层1"第74帧位置，按【F6】键插入关键帧，按【Delete】键删除图片，执行"文件" > "导入" > "导入到舞台"命令，将图片"源文件与素材\实例15\素材\image17.png"导入到场景中，如图8-84所示。

step 10 单击"时间轴"面板上"图层1"第78帧位置，按【F6】键插入关键帧，按【Delete】键删除图片，执行"文件" > "导入" > "导入到舞台"命令，将图片"源文件与素材\实例15\素材\image18.png"导入到场景中，如图8-85所示。

图8-84　导入图片

图8-85　导入图片

**step 11** 单击"时间轴"面板上"图层1"第85帧位置，按【F6】键插入关键帧，按【Delete】键删除图片，执行"文件">"导入">"导入到舞台"命令，将图片"源文件与素材\实例15\素材\image19.png"导入到场景中，如图8-86所示。

**step 12** 单击"时间轴"面板上"图层1"第100帧位置，按【F5】键插入帧，时间轴效果如图8-87所示。

图8-86 导入图片

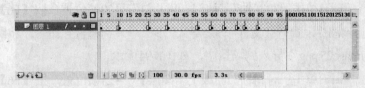

图8-87 时间轴效果

**step 13** 执行"插入">"新建元件"命令，新建一个元件，设置"类型"为"影片剪辑"，"名称"为"人物2"，如图8-88所示。单击"时间轴"面板上"图层1"第1帧位置，执行"文件">"导入">"导入到舞台"命令，将图片"源文件与素材\实例15\素材\image20.png"导入到场景中，如图8-89所示。

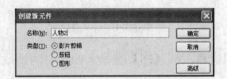

图8-88 新建元件

图8-89 导入图片

**step 14** 单击"时间轴"面板上"图层1"第5帧位置，按【F6】键插入关键帧，按【Delete】键删除图片，执行"文件">"导入">"导入到舞台"命令，将图片"源文件与素材\实例15\素材\image21.png"导入到场景中，如图8-90所示。

**step 15** 单击"时间轴"面板上"图层1"第6帧位置，按【F6】键插入关键帧，按【Delete】键删除图片，执行"文件">"导入">"导入到舞台"命令，将图片"源文件与素材\实例15\素材\image22.png"导入到场景中，如图8-91所示。

图8-90 导入图片

图8-91 导入图片

**step 16** 单击"时间轴"面板上"图层1"第10帧位置，按【F6】键插入关键帧，按【Delete】键删除图片，执行"文件">"导入">"导入到舞台"命令，将图片"源文件与素材\实例15\素材\image23.png"导入到场景中，如图8-92所示。

**step 17** 单击"时间轴"面板上"图层1"第16帧位置，按【F6】键插入关键帧，按【Delete】键删除图片，执行"文件">"导入">"导入到舞台"命令，将图片"源文件与素材\实例15\素材\image24.png"导入到场景中，如图8-93所示。

图8-92 导入图片

图8-93 导入图片

**step 18** 单击"时间轴"面板上"图层1"第20帧位置，按【F6】键插入关键帧，按【Delete】键删除图片，执行"文件"＞"导入"＞"导入到舞台"命令，将图片"源文件与素材\实例15\素材\image25.png"导入到场景中，如图8-94所示。

**step 19** 单击"时间轴"面板上"图层1"第25帧位置，按【F6】键插入关键帧，按【Delete】键删除图片，执行"文件"＞"导入"＞"导入到舞台"命令，将图片"源文件与素材\实例15\素材\image26.png"导入到场景中，如图8-95所示。

图8-94 导入图片

图8-95 导入图片

**step 20** 单击"时间轴"面板上"图层1"第30帧位置，按【F5】键插入帧，时间轴效果如图8-96所示。

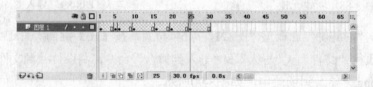

图8-96 时间轴效果

**step 21** 执行"插入"＞"新建元件"命令，新建一个元件，设置"类型"为"影片剪辑"，"名称"为"人物3"，如图 8-97所示。单击"时间轴"面板上"图层1"第1帧位置，执行"文件"＞"导入"＞"导入到舞台"命令，将图片"源文件与素材\实例15\素材\image27.png"导入到场景中，如图8-98所示。

图8-97 新建元件

图8-98 导入图片

**step 22** 单击"时间轴"面板上"图层1"第45帧位置，按【F6】键插入关键帧，按【Delete】键删除图片，执行"文件"＞"导入"＞"导入到舞台"命令，将图片"源文件与素材\实例15\素材\image28.png"导入到场景中，如图8-99所示。

**step 23** 单击"时间轴"面板上"图层1"第50帧位置，按【F5】键插入帧，时间轴效果如图8-100所示。

图8-99 导入图片

图8-100 时间轴效果

**step 24** 执行"插入">"新建元件"命令，新建一个元件，设置"类型"为"影片剪辑"，"名称"为"人物4"，如图8-101所示。单击"时间轴"面板上"图层1"第1帧位置，执行"文件">"导入">"导入到舞台"命令，将图片"源文件与素材\实例15\素材\image29.png"导入到场景中，如图8-102所示。

图8-101 新建元件

图8-102 导入图片

**step 25** 单击"时间轴"面板上"图层1"第30帧位置，按【F6】键插入关键帧，按【Delete】键删除图片，执行"文件">"导入">"导入到舞台"命令，将图片"源文件与素材\实例15\素材\image30.png"导入到场景中，如图8-103所示。

**step 26** 单击"时间轴"面板上"图层1"第35帧位置，按【F5】键插入帧，时间轴效果如图8-104所示。

图8-103 导入图片

图8-104 时间轴效果

**step 27** 执行"插入">"新建元件"命令，新建一个元件，设置"类型"为"影片剪辑"，"名称"为"人物动画"，如图8-105所示。单击"时间轴"面板上"图层1"第1帧位置，执行"文件">"导入">"导入到舞台"命令，将图片"源文件与素材\实例15\素材\image7.png"导入到场景中。

**step 28** 选中图片，执行"修改">"转换为元件"命令，弹出"转换为元件"对话框，设置"类型"为"影片剪辑"，"名称"为"人物5"，如图8-106所示。

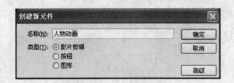

图8-105 新建元件

图8-106 元件效果

step 29 分别单击"图层1"第6帧和第10帧位置，按【F6】键插入关键帧。单击第9帧位置，按【F6】键插入关键帧，选中元件，设置其"属性"面板上"颜色"样式下的"亮度"为60%，效果如图8-107所示，时间轴效果如图8-108所示。

图8-107　元件效果

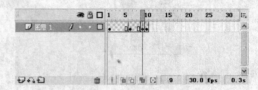

图8-108　时间轴效果

step 30 单击第1帧位置，选中元件，设置其"属性"面板上"颜色"样式下的Alpha值为0%，如图8-109所示。

step 31 分别单击"图层1"第1帧和第6帧位置，设置"属性"面板上"补间类型"为"动画"，单击第41帧位置，按【F5】键插入帧，时间轴效果如图8-110所示。

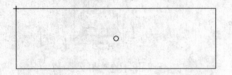

图8-109　元件效果

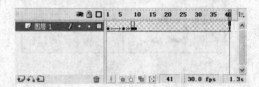

图8-110　时间轴效果

step 32 单击"时间轴"面板上的"插入图层"按钮，新建"图层2"。单击"图层2"第6帧位置，按【F6】键插入关键帧，执行"文件">"导入">"导入到舞台"命令，将图片"源文件与素材\实例15\素材\image8.png"导入到场景中，如图8-111所示。

step 33 选中图片，执行"修改">"转换为元件"命令，弹出"转换为元件"对话框，设置"类型"为"影片剪辑"，"名称"为"人物6"，如图8-112所示。

图8-111　导入图片

图8-112　转换元件

step 34 分别单击"图层2"第11帧和第16帧位置，按【F6】键插入关键帧。单击第11帧位置，选中元件，设置其"属性"面板上"颜色"样式下的"亮度"为60%，如图8-113所示。

step 35 单击第6帧位置，选中元件，设置其"属性"面板上"颜色"样式下的Alpha值为0%，如图8-114所示。

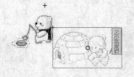

图8-113　元件效果

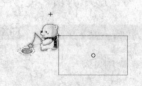

图8-114　元件效果

**step 36** 分别单击"图层2"第6帧和第11帧位置,设置"属性"面板上"补间类型"为"动画",时间轴效果如图8-115所示。

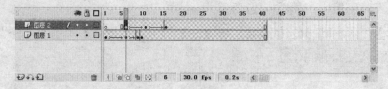

图8-115 时间轴效果

**step 37** 单击"时间轴"面板上的"插入图层"按钮,新建"图层3"。单击"图层3"第11帧位置,按【F6】键插入关键帧,执行"文件">"导入">"导入到舞台"命令,将图片"源文件与素材\实例15\素材\image9.png"导入到场景中,如图8-116所示。

**step 38** 选中图片,执行"修改">"转换为元件"命令,弹出"转换为元件"对话框,设置"类型"为"影片剪辑","名称"为"人物7",如图8-117所示。

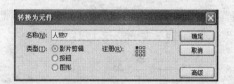

图8-116 导入图片 图8-117 转换元件

**step 39** 分别单击"图层3"第11帧和第17帧位置,按【F6】键插入关键帧。单击第11帧位置,选中元件,设置其"属性"面板上"颜色"样式下的"亮度"为60%,如图8-118所示。

**step 40** 单击第17帧位置,选中元件,设置其"属性"面板上"颜色"样式下的Alpha值为0%,如图8-119所示。

图8-118 元件效果 图8-119 元件效果

**step 41** 分别单击"图层3"第11帧和第17帧位置,设置"属性"面板上"补间类型"为"动画",时间轴效果如图8-120所示。

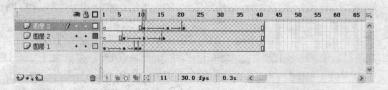

图8-120 时间轴效果

**step 42** 单击"时间轴"面板上的"插入图层"按钮，新建"图层4"。单击"图层4"第19帧位置，按【F6】键插入关键帧，执行"窗口"＞"库"命令，打开"库"面板，将"人物1"元件拖入到场景中，如图8-121所示。

**step 43** 单击"图层4"第24帧位置，按【F6】键插入关键帧，单击"选择"工具，选中元件，向上调整位置，如图8-122所示。

图8-121　导入元件　　　　　　　　　　　　图8-122　元件效果

**step 44** 单击"图层4"第27帧位置，按【F6】键插入关键帧，单击"选择"工具，选中元件，向下调整位置，如图8-123所示。

**step 45** 单击第19帧位置，选中元件，设置其"属性"面板上"颜色"样式下的Alpha值为0%。分别单击"图层4"第19帧和第24帧位置，设置"属性"面板上"补间类型"为"动画"，时间轴效果如图8-124所示。

图8-123　元件效果　　　　　　　　　　　　图8-124　时间轴效果

**step 46** 采用同样的方法制作其他动画，如图8-125所示。时间轴效果如图8-126所示。

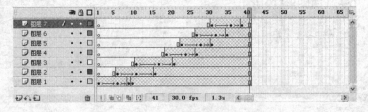

图8-125　动画效果　　　　　　　　　　　　图8-126　时间轴效果

**step 47** 单击"时间轴"面板上的"插入图层"按钮，新建"图层8"。单击第41帧位置，按【F6】键插入关键帧。分别单击"图层8"第1帧和第41帧位置，执行"窗口"＞"动作"命令，打开"动作-帧"面板，输入"stop()；"语句，时间轴效果如图8-127所示。

**step 48** 执行"插入"＞"新建元件"命令，新建一个元件，设置"类型"为"影片剪辑"，"名称"为"树动画"，如图8-128所示。单击"时间轴"面板上"图层1"第1帧位置，执行"文件"＞"导入"＞"导入到舞台"命令，将图片"源文件与素材\实例15\素材\image4.png"导入到场景中。

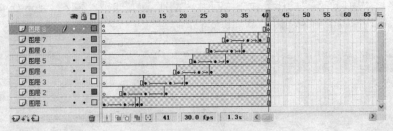

图8-127 时间轴效果

**step 49** 选中图片，执行"修改">"转换为元件"命令，弹出"转换为元件"对话框，设置"类型"为"影片剪辑"，"名称"为"树1"，如图8-129所示。

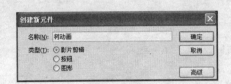

图8-128 新建元件

图8-129 转换元件

**step 50** 单击"图层1"第18帧位置，按【F6】键插入关键帧，单击"图层1"第37帧位置，按【F5】键插入帧，时间轴效果如图8-130所示。

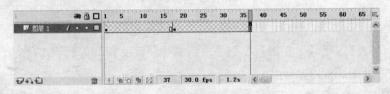

图8-130 时间轴效果

**step 51** 单击"时间轴"面板上"图层1"第11帧位置，按【F6】键插入关键帧，选中元件，单击"属性"面板上的"颜色"下拉列表，选择"高级"选项，单击"设置"按钮，设置如图8-131所示，元件效果如图8-132所示。

图8-131 设置高级效果选项

图8-132 元件效果

**step 52** 分别单击"图层1"第1帧和第11帧位置，设置"属性"面板上"补间类型"为"动画"，时间轴效果如图8-133所示。

**step 53** 用同样的方法制作其他动画如图8-134所示。时间轴效果如图8-135所示。

**step 54** 单击"时间轴"面板上的"插入图层"按钮，新建"图层4"。单击"图层4"第

37帧位置，执行"窗口"＞"动作"命令，打开"动作-帧"面板，输入"stop (); this._parent.renwu .gotoAndPlay(2);"语句，时间轴效果如图8-136所示。

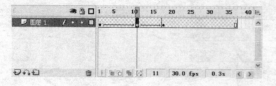

图8-133　时间轴效果　　　　　　　　　　图8-134　动画效果

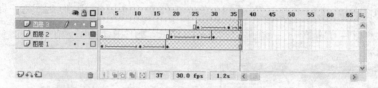

图8-135　时间轴效果

图8-136　时间轴效果

**step 55** 单击"时间轴"面板上的"场景1"标签，返回"场景1"。单击第1帧位置，执行 "文件"＞"导入"＞"导入到舞台"命令，将图片"源文件与素材\实例15\素材\image1.png" 导入到场景中，如图8-137所示。

**step 56** 单击"时间轴"面板上的"插入图层"按钮，新建"图层2"。单击"图层2"第 1帧位置，执行"文件"＞"导入"＞"导入到舞台"命令，将图片"源文件与素材\实例15\素 材\image2.png"导入到场景中，如图8-138所示。

图8-137　导入图片　　　　　　　　　　图8-138　导入图片

**step 57** 单击"时间轴"面板上的"插入图层"按钮，新建"图层3"。单击"图层3"第 1帧位置，将元件"树动画"拖入场景中，如图8-139所示位置。

**step 58** 单击"时间轴"面板上的"插入图层"按钮，新建"图层4"。单击"图层4"第 1帧位置，将元件"人物动画"拖入场景中，如图8-140所示位置，设置"属性"面板上"实 例名称"为"renwu"。

**step 59** 执行"文件"＞"保存"命令，按【Enter+Ctrl】键测试动画，效果如图8-141所示。

图8-139 元件效果

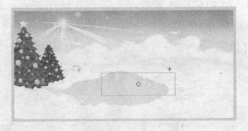

图8-140 元件效果

图8-141 测试动画效果

## 职业快餐

### 1. 整站设计的原则

· 创意原则：标新立异、能够体现Flash的独特之处，做出其他网站中不能达到的效果。

· 色彩原则：网站色彩需要与网站内容相符，当然也可以使用较为现代的颜色为主色调，如黑色与大红、墨蓝与青色等，加以其他色彩做点缀效果更佳。

· 动画原则：这里的动画要与纯Flash动画有所区别，整个网站应以实用为主，实现网站的各种功能，而不是一味地体现动画效果。

· 脚本原则：Flash整站在制作过程中需要运用大量的脚本语言来控制整个网站，需要读者对各种脚体都要有所了解，能够熟练运用。

### 2. 整站设计的分类

· 商业型整站：商业性的Flash整站，在设计与制作过程中，应着重体现其商业性，能够达到商业宣传的目的，如图8-142所示。

图8-142 商业型整站

• 时尚娱乐型整站：时尚娱乐型整站，应尽量体现出青春、时尚、动感、现代人的感觉，动画内容可以复杂一些，色彩对比鲜明，可以应用一些多媒体，如MTV、背景音乐等，如图8-143所示。

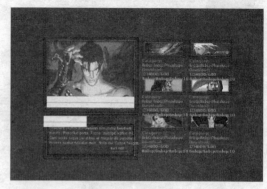

图8-143 时尚娱乐型整站

### 3. 整站设计的表现形式

制作整站时最重要的是创意与技术的结合使用，Flash可以达到其他网页制作软件达不到的特殊效果，应从这个独特之处入手。在设计与制作过程中，尽量实现其他软件不能达到的效果，这样才能够体现出Flash整站的特点，能够给浏览者留下深刻的印象，给人以耳目一新的感觉。Flash整站的各种表现形式以及风格的把握，需要读者多看成功的作品，多浏览类似的网站，吸取各类网站的精华，多从创作者的角度思考问题，才能快速地提高设计制作水平。

## 实例16

# 社区整站动画

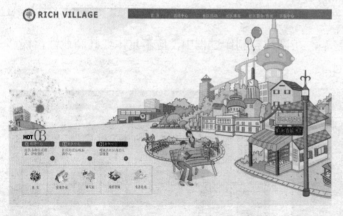

素材路径：源文件与素材\实例16\素材
源文件路径：源文件与素材\实例16\社区整站动画.fla

实例效果图16

## 情景再现

今天我们制作一个韩版风格的社区整站广告，要求风格时尚、结构合理、操作简捷，能够让人过目不忘。由于这个网站是从头开始建设的，客户并没有提供素材图片，所有的素材都要根据我们的思路自己准备。

为了不侵犯版权，我们模仿韩国矢量图的风格绘制的大部分的素材图和背景图。

## 任务分析

- 按照要求准备素材图像和文字
- 为素材图像添加动画和特效。
- 调整整体布局并添加代码。
- 测试动画，完成制作。

## 流程设计

在制作时，我们首先按照要求准备好素材和文字，并为素材图像添加动画和特效，然后调整整体布局并输入正确的代码，最后测试动画，完成整个作品的制作。

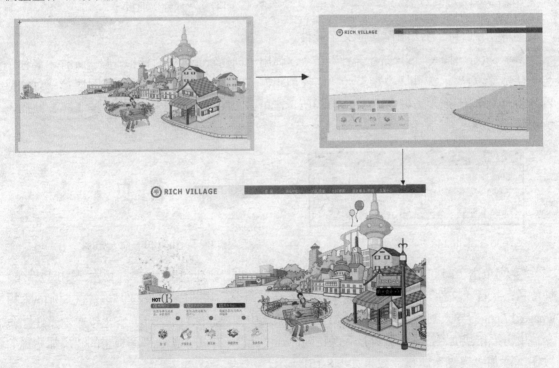

实例流程图16

## 任务实现

step 01 执行"文件">"新建"命令，新建一个Flash文档。单击"属性"面板上的"尺寸大小"按钮 550 x 400 像素，在弹出的"文档属性"对话框设置"尺寸"为1140px×594px，"帧频"设置为60fps，其他设置如图8-144所示。

**step02** 执行"插入">"新建元件"命令，弹出"创建新元件"对话框，设置元件"名称"为"文字1"，元件"类型"为"图形"，如图8-145所示。单击"文本"工具，在场景中输入文字，如图8-146所示。设置"属性"面板如图8-147所示。

图8-144 文档属性

图8-145 新建元件

图8-146 输入文字

图8-147 "属性"面板

**step03** 用同样的方法制作其他文字元件。

**step04** 执行"插入">"新建元件"命令，弹出"创建新元件"对话框，设置元件"名称"为"快捷菜单1"，元件"类型"为"影片剪辑"，如图8-148所示。单击"图层1"第1帧位置，将"文字1"拖入场景中，如图8-149所示。单击"图层1"第15帧位置，按【F6】键插入关键帧。

图8-148 新建元件

图8-149 拖入元件

**step05** 单击"时间轴"面板上的"插入图层"按钮，新建"图层2"。单击"图层2"第1帧位置，执行"文件">"导入">"导入到舞台"命令，将图片"源文件与素材\实例16\素材\images17.png"导入到场景中，如图8-150所示。选中图片，执行"修改">"转换为元件"命令。单击第15帧位置按【F6】键插入关键帧，选中元件，单击"滤镜"面板上的"添加滤镜"按钮，添加"模糊"滤镜，效果如图8-151所示。

图8-150 导入图片

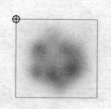

图8-151 滤镜效果

**step 06** 单击 "图层2" 第1帧位置, 设置 "属性" 面板上 "补间类型" 为 "动画"。 单击 "时间轴" 面板上的 "插入图层" 按钮, 新建 "图层3"。单击 "图层3" 第15帧位置, 按【F6】键插入关键帧, 执行 "窗口" > "动作" 命令, 打开 "动作-帧" 面板, 输入 "this.stop();" 语句, 时间轴效果如图8-152所示。

图8-152 时间轴效果

**step 07** 用同样的方法制作其他的元件, 如图8-153所示。

实事资讯　　　　　聊天室　　　　　旅游指南　　　　　业务咨询

图8-153 元件效果

**step 08** 执行 "插入" > "新建元件" 命令, 弹出 "创建新元件" 对话框, 设置元件 "名称" 为 "宣传1", 元件 "类型" 为 "影片剪辑", 如图8-154所示。单击 "图层1" 第1帧位置, 单击 "矩形" 工具, 设置 "笔触颜色" 为 "无", 设置 "填充色" 为 "007E46", 单击下面的 "边角半径设置" 按钮, 设置 "边角半径" 值为 "5", 在场景中绘制图形, 如图8-155所示。

图8-154 新建元件　　　　　　　　　　　　　　　图8-155 图形效果

图8-156 图形效果

**step 09** 单击 "图层1" 第20帧位置, 按【F6】键插入关键帧, 设置图形 "填充色" 为 "#000033", 如图8-156所示。单击 "图层1" 第1帧位置, 设置 "属性" 面板上 "补间类型" 为 "形状", 时间轴效果如图8-157所示。

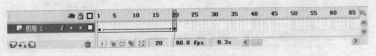

图8-157 时间轴效果

**step 10** 单击 "时间轴" 面板上的 "插入图层" 按钮, 新建 "图层2"。单击 "图层2" 第1帧位置, 将 "文字4" 元件拖入场景中, 如图8-158所示。

**step 11** 单击 "时间轴" 面板上的 "插入图层" 按钮, 新建 "图层3"。单击 "图层3" 第1帧位置, 将 "文字3" 元件拖入场景中, 如图8-159所示。

图8-158　拖入元件

图8-159　拖入元件

**step 12** 单击"时间轴"面板上的"插入图层"按钮，新建"图层4"。单击"图层4"第1帧位置，将"文字5"元件拖入场景中，如图8-160所示。

**step 13** 单击"图层4"第20帧位置，将元件移至如图8-161所示位置，单击第1帧位置，设置"属性"面板上"补间类型"为"动画"。

图8-160　拖入元件

图8-161　图形效果

**step 14** 单击"时间轴"面板上的"插入图层"按钮，新建"图层5"。单击"图层5"第1帧位置，单击"椭圆"工具，设置"笔触颜色"为"无"，设置"填充色"为"#666666"，在场景中绘制如图所示8-162图形。

**step 15** 单击"时间轴"面板上的"插入图层"按钮，新建"图层6"。单击"图层6"第1帧位置，单击"文本"工具，在场景中输入文字，如图8-163所示。

图8-162　图形效果

图8-163　输入文字

**step 16** 单击"时间轴"面板上的"插入图层"按钮，新建"图层7"。分别单击"图层7"第1帧和第20帧位置，依次执行"窗口"＞"动作"命令，打开"动作-帧"面板，输入"this.stop();"语句。

**step 17** 用同样的方法制作其他元件，如图8-164所示。

图8-164　元件效果

**step 18** 执行"插入"＞"新建元件"命令，弹出"创建新元件"对话框，设置元件"名称"为"导航1"，元件"类型"为"影片剪辑"，如图8-165所示。单击"图层1"第1帧位置，将"文字1"元件拖入场景中，如图8-166所示。

**step 19** 单击"图层1"第10帧位置，按【F6】键插入关键帧，调整元件位置，设置"属性"

面板上"颜色"样式下的"Alpha"值为"0%",如图8-167所示。单击第1帧位置,设置"属性"面板上"补间类型"为"动画",时间轴效果如图8-168所示。

图8-165 新建元件

图8-166 拖入元件

图8-167 元件效果

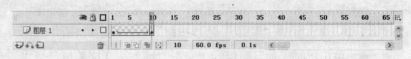

图8-168 时间轴效果

**step 20** 单击"时间轴"面板上的"插入图层"按钮,新建"图层2"。单击"图层2"第1帧位置,将"文字1"元件拖入场景中如图8-169所示。

**step 21** 单击"图层2"第10帧位置,按【F6】键插入关键帧。单击第1帧位置,调整元件位置,设置"属性"面板上"颜色"样式下的"Alpha"值为"0%"。单击第1帧位置,设置"属性"面板上"补间类型"为"动画",时间轴效果如图8-170所示。

图8-169 拖入元件

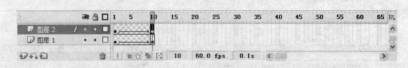

图8-170 时间轴效果

**step 22** 单击"时间轴"面板上的"插入图层"按钮,新建"图层3"。单击"图层3"第1帧位置,执行"窗口">"动作"命令,打开"动作-帧"面板,输入"this.stop();thispath = this;"语句。

**step 23** 单击"图层3"第10帧位置,按【F6】键插入关键帧,执行"窗口">"动作"命令,打开"动作-帧"面板,输入以下语句:

```
this.stop();
if (_root.m == 2)
{
    _level0.mbnOver(thispath, _root.s);
} // end if
```

**step 24** 用同样的方法制作其他元件,如图8-171所示。

社区服务/咨询 活动中心

社区活动 社区博客

图8-171 元件效果

step 25 执行"插入">"新建元件"命令，弹出"创建新元件"对话框，设置元件"名称"为"点击"，元件"类型"为"图形"，如图8-172所示。单击"矩形"工具，在场景中绘制矩形，如图8-173所示。

图8-172　新建元件

图8-173　图形效果

step 26 执行"插入">"新建元件"命令，弹出"创建新元件"对话框，设置元件"名称"为"反应区1"，元件"类型"为"按钮"，如图8-174所示。

step 27 单击"时间轴"面板的"点击"帧，按【F6】键插入关键帧，将"点击"元件拖入场景中，如图8-175所示。

图8-174　新建元件

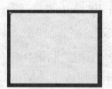

图8-175　元件效果

step 28 用同样的方法制作其他元件。

step 29 执行"插入">"新建元件"命令，弹出"创建新元件"对话框，设置元件"名称"为"场景动画"，元件"类型"为"影片剪辑"，如图8-176所示。

step 30 单击"时间轴"面板上"图层1"第1帧位置，将"元件1"拖入场景中，如图8-177所示。单击"图层1"第184帧位置，按【F5】键插入帧。

图8-176　新建元件

图8-177　拖入元件

step 31 单击"时间轴"面板上的"插入图层"按钮，新建"图层2"。单击"图层2"第96帧位置，将"元件2"拖入场景中，如图8-178所示

step 32 单击第120帧位置，按【F6】键插入关键帧，调整元件的位置，效果如图8-179所示。

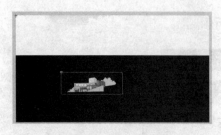

图8-178　拖入元件

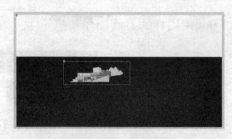

图8-179　调整位置

step 33 单击"图层2"第96帧位置，选中元件，单击"滤镜"面板上的"添加滤镜"按钮，设置如图8-180所示，效果如图8-181所示。单击第96帧，设置"属性"面板上"补间类型"为"动画"。

图8-180 "属性"面板

step 34 用同样的方法制作其他图层的动画，效果如图8-182所示。

图8-181 滤镜效果

图8-182 动画效果

step 35 单击"时间轴"面板上的"插入图层"按钮，新建"图层14"。单击"图层14"第184帧位置，输入"stop();"语句。时间轴效果如图8-183所示。

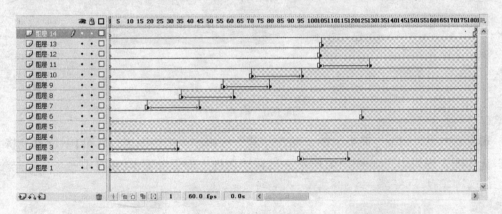

图8-183 时间轴效果

step 36 单击"场景1"标签，返回主场景，单击"时间轴"面板上"图层1"第1帧位置，将"场景动画"元件拖入场景中，如图8-184所示。

step 37 单击"时间轴"面板上的"插入图层"按钮，单击"图层2"第1帧位置，将"背景1"元件拖入场景中，如图8-185所示。

图8-184 拖入元件

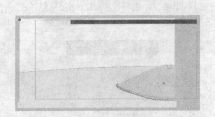

图8-185 拖入元件

**step 38** 单击"时间轴"面板上的"插入图层"按钮，单击"图层3"第1帧位置，将"背景2"元件拖入场景中，如图8-186所示。

**step 39** 单击"时间轴"面板上的"插入图层"按钮，单击"图层4"第1帧位置，将"logo"元件拖入场景中，如图8-187所示。

图8-186　拖入元件

图8-187　拖入元件

**step 40** 单击"时间轴"面板上的"插入图层"按钮，单击"图层5"第1帧位置，将"导航6"元件拖入场景中，如图8-188示。设置"属性"面板如图8-189所示。

图8-188　拖入元件

图8-189　"属性"面板

**step 41** 用同样的方法将其他元件拖入场景中，如图8-190所示。

图8-190　拖入元件

**step 42** 单击"时间轴"面板上的"插入图层"按钮，单击"图层11"第1帧位置，将"宣传2"元件拖入场景中，如图8-191所示。设置"属性"面板如图8-192所示。

图8-191　拖入元件

图8-192　"属性"面板

**step 43** 单击"时间轴"面板上的"插入图层"按钮，单击"图层12"第1帧位置，将"宣传3"元件拖入场景中，如图8-193所示。设置"属性"面板如图8-194所示。

图8-193　拖入元件

图8-194　"属性"面板

**step 44** 单击"时间轴"面板上的"插入图层"按钮，单击"图层13"第1帧位置，将"宣传1"元件拖入场景中，如图8-195所示。设置"属性"面板如图8-196所示。

图8-195 拖入元件

图8-196 "属性"面板

**step 45** 单击"时间轴"面板上的"插入图层"按钮，单击"图层14"第1帧位置，将"快捷菜单1"元件拖入场景中，如图8-197所示。设置"属性"面板如图8-198所示。

图8-197 拖入元件

图8-198 "属性"面板

**step 46** 单击"时间轴"面板上的"插入图层"按钮，单击"图层15"第1帧位置，将"快捷菜单2"元件拖入场景中，如图8-199所示。设置"属性"面板如图8-200所示。

图8-199 拖入元件

图8-200 "属性"面板

**step 47** 单击"时间轴"面板上的"插入图层"按钮，单击"图层16"第1帧位置，将"快捷菜单3"元件拖入场景中，如图8-201所示。设置"属性"面板如图8-202所示。

图8-201 拖入元件

图8-202 "属性"面板

**step 48** 单击"时间轴"面板上的"插入图层"按钮，单击"图层17"第1帧位置，将"快捷菜单4"元件拖入场景中，如图8-203所示。设置"属性"面板如图8-204所示。

图8-203 拖入元件

图8-204 "属性"面板

step 49 单击"时间轴"面板上的"插入图层"按钮，单击"图层18"第1帧位置，将"快捷菜单5"元件拖入场景中，如图8-205所示。设置"属性"面板如图8-206所示。

图8-205　拖入元件　　　　　　　　　　图8-206　"属性"面板

step 50 单击"时间轴"面板上的"插入图层"按钮，单击"图层19"第1帧位置，将"反应区2"元件拖入场景中，如图8-207所示。设置"属性"面板如图8-208所示。

图8-207　拖入元件　　　　　　　　　　图8-208　"属性"面板

step 51 用同样的方法将其他的"反应区"元件拖入场景，并设置"实例名称"，如图8-209所示。

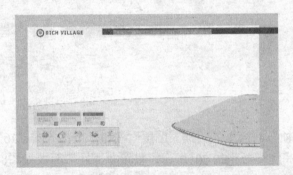

图8-209　元件效果

step 52 单击"时间轴"面板上的"插入图层"按钮，新建"图层35"。单击第1帧位置，执行"窗口">"动作"命令，打开"动作-帧"面板，输入以下语句：

```
function linkObj1D(fo, firstNum)
{
    var _loc4 = firstNum;
    do
    {
        _root[fo + "_" + firstNum] = _root.myLoad[fo + "_" + firstNum];
        firstNum = --firstNum;
    } while (firstNum >= 0)
} // End of the function
function linkObj(fo, firstNum, whileNum)
{
    var _loc2 = whileNum;
    do
    {
```

```
                         _root[fo + "_" + firstNum + "_" + _loc2] = _root.myLoad[fo + "_" + firstNum + "_" +
_loc2];
                 --_loc2;
            } while (_loc2 > 0)
    } // End of the function
    function bnClick(linkUrl, tagm)
    {
        getURL(linkUrl, tagm);
    } // End of the function
    function mbnOver(path, n)
    {
        path["b" + n].gotoAndPlay(2);
    } // End of the function
    function mbnOut(path, n)
    {
        path["b" + n].gotoAndPlay("out");
    } // End of the function
    function sBtnOver(path, n)
    {
        path.ov = true;
        path["s" + n].gotoAndPlay(2);
    } // End of the function
    function sBtnOut(path, n)
    {
        path.ov = false;
        path["s" + n].gotoAndPlay("out");
    } // End of the function
    Stage.scaleMode = "noScale";
    Stage.align = "LT";
    _root.myLoad = new LoadVars();

    _root.myLoad.onLoad = function (success)
    {
        if (success)
        {
            linkObj1D("mlink", 15);
            linkObj("mlink", 1, 6);
            linkObj("mlink", 2, 6);
            linkObj("mlink", 3, 4);
            linkObj("mlink", 4, 6);
            linkObj("mlink", 5, 4);
            linkObj("mlink", 6, 5);
            _root.win = "_self";
        } // end if
    };
    for (topNum = 1; topNum <= 15; topNum++)
    {
        _level0["mbn" + topNum].nm = topNum;
        _level0["mbn" + topNum].onEnterFrame = function ()
        {
            if (_level0["overlio" + this.nm])
            {
                if (_root.m != this.nm)
                {
```

```
                    _level0["overlio" + _root.m] = false;
                } // end if
                this.nextFrame();
                this._parent["bn" + this.nm].nextFrame();
            }
            else
            {
                this.isOver = false;
                for (i = 1; i <= 15; i++)
                {
                    if (_level0["overlio" + i])
                    {
                        this.isOver = true;
                        break;
                    } // end if
                } // end of for
                if (this.isOver)
                {
                    if (_root.m == this.nm)
                    {
                        _level0["overlio" + _root.m] = false;
                    } // end if
                    this.prevFrame();
                    this._parent["bn" + this.nm].prevFrame();
                }
                else if (_root.m != this.nm)
                {
                    _level0["overlio" + _root.m] = false;
                    this.prevFrame();
                    this._parent["bn" + this.nm].prevFrame();
                }
                else
                {
                    _level0["overlio" + _root.m] = true;
                } // end else if
            } // end else if
        };
    } // end of for
```

step 53 执行"文件">"保存"命令，保存文件，按【Enter+Ctrl】键，测试动画，效果如图8-210所示。

图8-210 测试动画效果

## 设计说明

社区整站动画的制作，应以体现社区服务为主，并体现出Flash特有的功能效果，在设计与制作过程中，要注意以下几点：

（1）页面特点

要体现出Flash整站的特点，可着重在网站的页面图像方面，Flash的特点就是以卡通为主，这里便可以该特点为着重点，制作各种卡通形象。

（2）功能体现

一个网站需要有多种功能，在设计与制作Flash整站的时候，要考虑的是，Flash制作整站能够实现什么功能，从Flash能够实现的功能出发，设计各种画面效果。

（3）页面结构

在设计与制作社区整站时，可以将整个页面格局制作成一个图像，这样既达到了社区的效果，又体现了Flash的独特之处，使页面的结构和格局与其他软件有更大的差别。

## 知识点总结

本例主要运用了滤镜的相关操作。

使用滤镜，可以实现投影、模糊、发光和斜角等效果。另外，还可以将滤镜和补间动画结合，使滤镜活动起来。例如，如果创建一个具有投影的球（即球体），可以在时间轴中将投影位置从起始帧移到终止帧，来模拟光源从对象的一侧移到另一侧的效果。

### 1．添加滤镜的方法

Flash提供了一个"滤镜"面板进行滤镜的添加和参数的设置。选择要添加滤镜效果的对象后，在"滤镜"面板中单击"+"号按钮，会弹出滤镜菜单，其中共包括7种滤镜：投影、模糊、发光、斜角、渐变发光、渐变斜角、调整颜色，如图8-211所示。

### 2．滤镜参数详述

（1）"投影"滤镜

选择对象，打开"滤镜"面板，单击"+"号按钮，在弹出的下拉菜单中选择"投影"，文字效果如图8-212所示。

图8-211　滤镜菜单

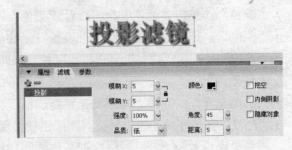

图8-212　"投影"滤镜

下面讲解一下各个参数的含义：

- "模糊X、Y"：是指阴影向四周模糊柔化的程度，中间的小锁是限制$X$轴和$Y$轴的阴影同时柔化，去掉小锁可单独调整某个轴。

- "强度"：这个选项更像是不透明度和颜色密度的结合，调整到最低点时阴影消失。
- "品质"：是指阴影模糊的质量，质量越高，过渡越流畅，反之就越粗糙。
- "颜色"、"角度"、"距离"：分别设置阴影的颜色、相对于元件本身的方向及远近。
- "挖空"：是指用对象自身的形状来切除附于其下的阴影，就好像阴影被挖空了一样。
- "内侧阴影"：在对象内侧显示阴影，常用来辅助塑造一些立体效果。
- "隐藏对象"：不显示对象本身，只显示阴影。使用"隐藏对象"选项可以更轻松地创建逼真的阴影。

（2）"模糊"滤镜

"模糊"滤镜可以使对象按照X轴或Y轴进行模糊，从而产生柔化效果。

选择对象后，为其添加一个"模糊"滤镜，如图8-213所示。

"模糊"滤镜各个参数的含义如下：

- "模糊"：拖动"模糊X"和"模糊Y"滑块，设置模糊的宽度和高度。
- "品质"：选择模糊的质量级别。把质量级别设置为"高"近似于高斯模糊，建议把质量级别设置为"低"，以实现最佳的回放性能。

（3）"发光"滤镜

"发光"滤镜的作用是在对象周边产生光芒，Flash中有一个"柔化填充边缘"功能，但其不具有再编辑性，所以一直不得重用，如图8-214所示为"发光"（选中了"挖空"选项）滤镜效果。

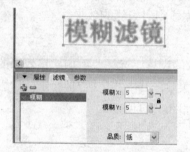

图8-213　"模糊"滤镜

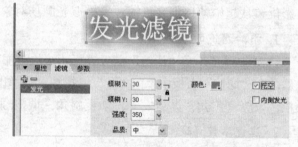

图8-214　"发光"滤镜

"发光"滤镜各个参数的含义如下：

- "模糊"：拖动"模糊X"和"模糊Y"滑块，设置发光的宽度和高度。
- "颜色"：单击"颜色"框，打开"颜色"弹出窗口，然后设置发光颜色。
- "强度"：拖动"强度"滑块，设置发光的清晰度。
- "挖空"：选中"挖空"复选框可以挖空（即从视觉上隐藏）原对象，并在挖空图像上只显示发光。
- "内侧发光"：选择"内侧发光"复选框，在对象边界内应用发光。
- "品质"：选择发光的质量级别。把质量级别设置为"高"近似于高斯模糊，建议把质量级别设置为"低"，以实现最佳的回放性能。

（4）"斜角"滤镜

应用"斜角"滤镜就是为对象添加加亮效果，使其看起来凸出背景表面，可以创建内斜角、外斜角或者完全斜角。这个滤镜和Photoshop混合选项中的"斜面与浮雕"类似，如图8-215所示。

图8-215　"斜角"滤镜

"斜角"滤镜各个参数的含义如下：

- "类型"：从"类型"下拉菜单中，选择要应用到对象的斜角类型，可以选择内侧（内斜角）、外侧（外斜角）或者整个（完全斜角）。
- "模糊"：拖动"模糊X"和"模糊Y"滑块，设置斜角的宽度和高度。
- "颜色"：从弹出的调色板中，选择斜角"阴影"和"加亮"的颜色。
- "强度"：拖动"强度"滑块，设置斜角的不透明度，而不影响其宽度。
- "角度"：拖动角度盘或输入值，可更改斜边投下的阴影角度。
- "距离"：拖动滑块或直接输入值来定义斜角与对象之间的距离。
- "挖空"：选中"挖空"复选框挖空（即从视觉上隐藏）原对象，并在挖空图像上只显示斜角。
- "品质"：选择斜角的质量级别。把质量级别设置为"高"近似于高斯模糊，建议把质量级别设置为"低"，以实现最佳的回放性能。

（5）"渐变发光"滤镜

应用"渐变发光"滤镜，可以在发光表面产生带渐变颜色的发光效果。"渐变发光"滤镜要求选择一种颜色作为渐变开始的颜色，该颜色的Alpha值为0%，无法移动此颜色的位置，但可以改变该颜色，如图8-216所示。

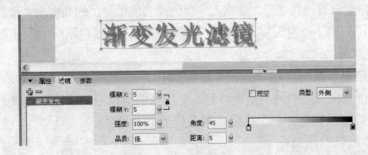

图8-216　"渐变发光"滤镜

"渐变发光"滤镜各个参数的含义如下：

- "类型"：从"类型"下拉菜单中，选择要为对象应用的发光类型，可以选择内侧发光、外侧发光或者完全发光。
- "模糊"：拖动"模糊X"和"模糊Y"滑块，设置发光的宽度和高度。
- "强度"：拖动"强度"滑块，设置发光的不透明度，而不影响其宽度。
- "角度"：拖动角度盘或输入值，更改发光投影的阴影角度。

- "距离": 拖动"距离"滑块, 设置投影与对象之间的距离。
- "挖空": 选中"挖空"复选框挖空 (即从视觉上隐藏) 原对象, 并在挖空图像上只显示渐变发光。
- "渐变颜色条": 指定发光的渐变颜色。
- "品质": 设置渐变发光的质量级别。把质量级别设置为"高"近似于高斯模糊, 建议把质量级别设置为"低", 以实现最佳的回放性能。

(6) "渐变斜角"滤镜

应用"渐变斜角"滤镜可以产生一种凸起效果, 使对象看起来好像从背景上凸起, 且斜角表面有渐变颜色。"渐变斜角"滤镜要求渐变的中间有一个颜色, 颜色的Alpha值为0%, 无法移动此颜色的位置, 但可以改变该颜色, 如图8-217所示。

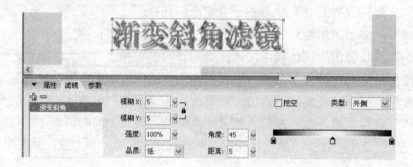

图8-217    "渐变斜角"滤镜

"渐变斜角"滤镜各个参数的含义如下:

- "类型": 从"类型"下拉菜单中, 选择要应用到对象的斜角类型, 可以选择内斜角、外斜角或者完全斜角。
- "模糊": 拖动"模糊X"和"模糊Y"滑块, 设置斜角的宽度和高度。
- "强度": 要设置"强度", 请输入一个值以影响其平滑度, 而不影响斜角宽度。
- "角度": 要设置"角度", 请输入一个值或者使用弹出的角度盘来设置光源的角度。
- "挖空": 选中"挖空"复选框挖空 (即从视觉上隐藏) 原对象, 并在挖空图像上只显示渐变斜角。
- "渐变颜色条": 指定斜角的渐变颜色。
- "品质": 选择渐变斜角的质量级别。把质量级别设置为"高"近似于高斯模糊, 建议把质量级别设置为"低", 以实现最佳的回放性能。

(7) "调整颜色"滤镜

使用"调整颜色"滤镜, 可以调整所选影片剪辑、按钮或者文本对象的亮度、对比度、色相和饱和度。对亮度的调整可使图像颜色更加鲜明, 而对对比度的调整可使图像中亮部更亮、暗部更暗, 能够让图像线条清晰, 主体更加突出。那么这两个功能结合起来, 处理一些欠曝、过曝的数码照片绰绰有余。

色相和饱和度这两项主要用来改变图像的颜色, 可以通过调整色相把图片改变成其他的颜色, 也可以调整饱和度来确定图像颜色的鲜艳程度, 如果饱和度过低, 则图片产生褪色, 如图8-218是"调整颜色"滤镜的设置。

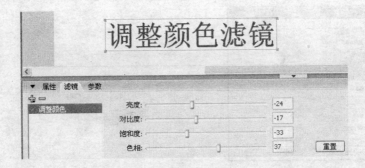

图8-218 "调整颜色"滤镜

　　拖动要调整的属性滑块，或者在相应的文本框中输入数值来调整对应的值。属性和它们的对应值如下：

- "亮度"：亮度调整图像的亮度。数值范围：－100～100。
- "对比度"：对比度调整图像的加亮、阴影及中间调。数值范围：－100～100。
- "饱和度"：饱和度调整颜色的强度。数值范围：－100～100。
- "色相"：色相调整颜色的深浅。数值范围：－180～180。
- "重置"按钮：单击"重置"按钮，可以把所有的颜色调整重置为0，使对象恢复原来的状态。

## 拓展训练

　　本例我们将利用以上所学的知识，制作如图8-219所示的电脑整站动画，在具体制作过程中一定要注意相关动画的设置。

图8-219　最终效果图

　　**step 01** 执行"文件" > "新建"命令，新建一个Flash文档。单击"属性"面板上的"尺寸大小"按钮 550 x 400 像素 ，在弹出的"文档属性"对话框设置"尺寸"为450px×250px，"帧频"设置为12fps，其他设置如图8-220所示。

　　**step 02** 执行"文件" > "导入" > "导入到舞台"命令，将图像"源文件与素材\实例16\素材\images7.png"导入到场景中，如图8-221所示。选中图形，执行"修改" > "转换为元件"命令，设置"名称"为"图形"，"类型"为"图形"。

　　**step 03** 用同样的方法制作其他文档，如图8-222所示。

　　**step 04** 保存文件，分别设置"文档名称"为"01"、"02"和"03"。

图8-220　文档设置

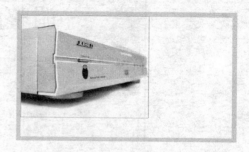

图8-221　导入图像

**step 05** 执行"文件">"新建"命令，新建一个Flash文档。单击"属性"面板上的"尺寸大小"按钮 `550 x 400 像素` ，在弹出的"文档属性"对话框设置"尺寸"为450px×250px，"帧频"设置为120fps，其他设置如图8-223所示。

图8-222　图像效果

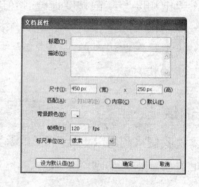

图8-223　文档设置

**step 06** 执行"插入">"新建元件"命令，弹出"创建新元件"对话框，设置元件"名称"为"按钮1"，元件"类型"为"按钮"。单击"弹起"帧，执行"文件">"导入">"导入到舞台"命令，将图片"源文件与素材\实例16\素材\images5.png"导入到场景中，如图8-224所示。

**step 07** 单击"指针经过"帧，按【F7】键插入空白关键帧，执行"文件">"导入">"导入到舞台"命令，将图片"源文件与素材\实例16\素材\images6.png"导入到场景中。单击"文本"工具，在场景中输入文字，如图8-225所示。

图8-224　导入图像

图8-225　导入图像并输入文字

**step 08** 单击"点击"帧，按【F5】键插入帧。时间轴效果如图8-226所示。

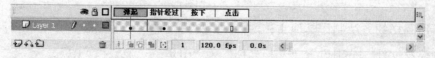

图8-226　时间轴效果

**step 09** 用同样的方法制作其他按钮元件，如图8-227所示。

图8-227　按钮效果

**step 10** 执行"插入">"新建元件"命令，弹出"创建新元件"对话框，设置元件"名称"为"文字"，元件"类型"为"影片剪辑"，

**step 11** 分别单击"图层1"第1帧、第2帧和第3帧位置，依次输入文字，如图8-228所示。

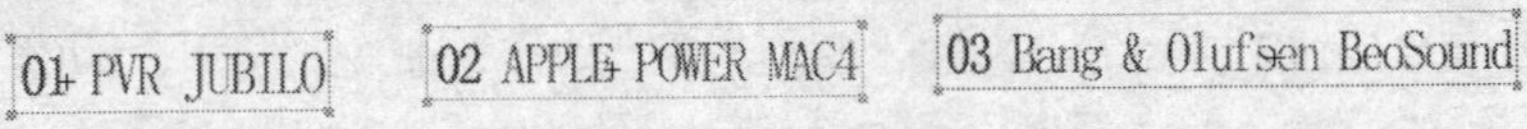

01 PVR JUBILO　　02 APPLE POWER MAC4　　03 Bang & Olufsen BeoSound

图8-228　输入文字

**step 12** 单击"时间轴"面板上的"插入图层"按钮，新建"图层2"。单击"图层2"第1帧位置，执行"窗口">"动作"命令，打开"动作-帧"面板，输入"stop();"语句。

**step 13** 执行"插入">"新建元件"命令，弹出"创建新元件"对话框，设置元件"名称"为"img"，元件"类型"为"影片剪辑"。选择"椭圆"工具，在绘图区中绘制一个小圆形，大小随意，这里没有严格要求。

**step 14** 单击"场景1"标签，返回主场景。单击"图层1"第1帧位置，将"img"元件拖入场景中，设置"实例名称"为"imgDown"，单击"图层1"第5帧位置，按【F5】键插入帧。

**step 15** 单击"时间轴"面板上的"插入图层"按钮，新建"图层2"。单击"图层2"第1帧位置，将"img"元件拖入场景中，设置"实例名称"为"imgUp"。

**step 16** 单击"时间轴"面板上的"插入图层"按钮，新建"图层3"。单击"图层3"第1帧位置，将"按钮1"～"按钮3"和"文字"元件拖入场景中。单击"文本"工具，输入文字，效果如图8-229所示。时间轴效果如图8-230所示。

图8-229　图形效果

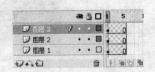

图8-230　时间轴效果

**step 17** 选中"按钮1"元件，执行"窗口">"动作"命令，打开"动作-帧"面板，输入以下语句：

```
on (rollOver) {
    _root.imgUp.loadMovie("01.swf");
    _root.txt.gotoAndStop(1);
}
on (release) {
    getURL("#");
}
```

**step 18** 选中"按钮2"元件，执行"窗口">"动作"命令，打开"动作-帧"面板，输入以下语句：

```
on (rollOver) {
    _root.imgUp.loadMovie("02.swf");
    _root.txt.gotoAndStop(2);
}
on (release) {
    getURL("#");
}
```

**step 19** 选中"按钮3"元件，执行"窗口">"动作"命令，打开"动作-帧"面板，输入以下语句：

```
on (rollOver) {
    _root.imgUp.loadMovie("03.swf");
    _root.txt.gotoAndStop(3);
}
on (release) {
    getURL("#");
}
```

**step 20** 单击"时间轴"面板上的"插入图层"按钮，新建"图层4"。单击"图层4"第5帧位置，按【F6】键插入关键帧，执行"窗口">"动作"命令，打开"动作-帧"面板，输入以下语句：

```
_root.imgDown.loadMovie("01.swf",0);
stop();
flag = 0;
```

**step 21** 执行"文件">"保存"命令，保存文件，按【Enter+Ctrl】键，测试动画，效果如图8-231所示。

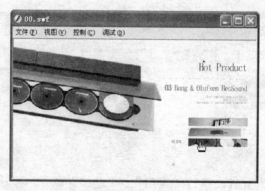

图8-231　测试动画效果

## 职业快餐

经过一段时间的Flash学习之后，很多读者开始对那些全Flash网站的制作发生兴趣。全Flash网站基本以图形和动画为主，所以比较适合那些文字内容不太多，以平面、动画效果为主的应用。例如，企业品牌推广、特定网上广告、网络游戏、个性网站等。

制作全Flash网站和制作HTML网站类似，事先应在纸上画出结构关系图，包括：网站的主题、要用什么样的元素、哪些元素需要重复使用、元素之间的联系、元素如何运动、用什么风格的音乐、整个网站可以分成几个逻辑块、各个逻辑块间的联系如何，以及是否打算用Flash建构全站或是只用其制作网站的前期部分等，都应在考虑范围之内。

实现全Flash网站的方法多种多样，但基本原理是相同的：将主场景作为一个舞台，这个舞台提供标准的长宽比例和整个的版面结构，演员就是网站子栏目的具体内容，根据子栏目的内容结构可能会再派生出更多的子栏目。主场景作为舞台基础，基本保持自身的内容不变，其他演员身份的子类、次子类内容根据需要被导入到主场景内。

从技术方面讲，如果已经掌握了不少单个Flash作品的制作方法，再多了解一些.swf文件之间的调用方法，制作全Flash网站并不会太复杂。

参考流程：网站结构规划->Flash场景规划->素材准备->分别制作->整体整合。

# 反侵权盗版声明

电子工业出版社依法对本作品享有专有出版权。任何未经权利人书面许可，复制、销售或通过信息网络传播本作品的行为；歪曲、篡改、剽窃本作品的行为，均违反《中华人民共和国著作权法》，其行为人应承担相应的民事责任和行政责任，构成犯罪的，将被依法追究刑事责任。

为了维护市场秩序，保护权利人的合法权益，我社将依法查处和打击侵权盗版的单位和个人。欢迎社会各界人士积极举报侵权盗版行为，本社将奖励举报有功人员，并保证举报人的信息不被泄露。

举报电话：（010）88254396；（010）88258888

传　　真：（010）88254397

E-mail：　dbqq@phei.com.cn

通信地址：北京万寿路173信箱

　　　　　电子工业出版社总编办公室

邮　　编：100036

# 欢迎与我们联系

为了方便与我们联系，我们已开通了网站（www.medias.com.cn）。您可以在本网站上了解我们的新书介绍，并可通过读者留言簿直接与我们沟通，欢迎您向我们提出您的想法和建议。也可以通过电话与我们联系：

电话号码：（010）68252397

邮件地址：webmaster@medias.com.cn